非线性微分方程积分边值问题的研究

宋文晶　郭　斌　著

吉林财经大学出版资助图书

科　学　出　版　社

北　京

内 容 简 介

本书主要介绍起源于血管疾病(动脉粥样硬化、动脉瘤)、地下水流、种群动态、等离子物理、计算流体动力学(Computational Fluid Dynamics)等常微分方程积分边值问题相关结果. 在简要介绍有关非线性泛函分析中一些基本理论的基础上, 对带 p-Laplace 算子、二阶常微分方程组、四阶常微分方程(组)的积分初(边)值问题, 给出了可解性及正解的存在性、多解性的判别依据, 展示了常微分方程积分边值问题的研究技巧和方法.

本书适用于数学专业高年级本科生, 非线性泛函、微分方程方向的研究生及有研究兴趣的学者阅读参考.

图书在版编目 (CIP) 数据

非线性微分方程积分边值问题的研究/宋文晶, 郭斌著. —北京: 科学出版社, 2017.6

ISBN 978-7-03-052991-6

I. ①非… Ⅱ. ①宋… ②郭… Ⅲ. ①非线性方程–微分方程–边值问题–研究 Ⅳ. ①O175.8

中国版本图书馆 CIP 数据核字 (2017) 第 116333 号

责任编辑: 张中兴 梁 清 / 责任校对: 张凤琴
责任印制: 张 伟 / 封面设计: 迷底书装

科 学 出 版 社 出版

北京东黄城根北街 16 号
邮政编码: 100717
http://www.sciencep.com

北京中石油彩色印刷有限责任公司 印刷

科学出版社发行 各地新华书店经销

*

2017 年 6 月第 一 版 开本: 720×1000 B5
2019 年 1 月第三次印刷 印张: 8 1/4
字数: 185 000

定价: **45.00 元**

(如有印装质量问题, 我社负责调换)

前　　言

常微分方程是一门历史悠久的学科, 在物理、化工、医学、天文、生物工程、经济学等各个领域解决了很多实际问题. 其中边值问题是常微分方程理论的一个分支, 它分为局部边值问题和非局部边值问题, 由于非局部边值问题能够更加准确地描述许多重要的物理现象, 所以数学工作者们对它做了很多研究. 近些年来, 起源于热传导、地下水流、热电弹性、等离子物理等方面的常微分方程积分边值问题也受到人们的关注, 并得到了许多优秀成果. 受他们的启发, 我们也在常微分方程积分边值问题方面做了一些工作.

本书主要研究常微分方程积分边值问题, 全书共分 5 章.

第 1 章首先介绍常微分方程的发展及与本书相关的一些问题的研究现状, 然后介绍与本书相关的一些基本概念及定理, 最后简要介绍本书的研究问题及重要结果.

第 2 章研究的是具 p-Laplace 算子的常微分方程的积分初 (边) 值问题, 主要采用二择一定理及拓扑度理论得到问题解的存在性.

第 3 章研究的是具积分边值条件的二阶常微分方程组问题, 利用不动点定理得到了问题解的存在性及多解性.

第 4 章研究的是具积分边值条件的四阶常微分方程及方程组问题, 分别运用上下解方法和不动点定理得到其问题解的存在性及多解性.

第 5 章首先介绍时标基本理论, 然后研究了具 p-Laplace 型算子时标上的动力方程解的存在性.

本书由宋文晶和郭斌合作完成, 其中第 1—4 章及 5.2 节 (合计字数为 125 千字) 由宋文晶撰写, 每章的小结、展望与后续工作及 5.1 节由郭斌撰写. 书中大多数内容已发表于国内外学术刊物.

本书是在国家自然科学基金项目 (项目编号: 11601181)、吉林省教育厅 "十二五" 科学技术研究项目 (项目编号: 2014164)、吉林财经大学 2016 年专著出版资助计划的资助和支持下完成的.

最后, 特别感谢我的导师高文杰教授在本书撰写过程中给予的帮助和指导!

由于作者水平有限, 书中难免有考虑不周和错漏之处, 敬请各位读者批评指正.

作　者

2016 年 11 月

目　　录

第 1 章 引   言

本章首先简要介绍常微分方程的发展及研究的现状, 然后介绍常微分方程及非线性分析的一些基本理论, 最后简述本书的研究问题及得到的重要结果.

1.1 常微分方程的发展与研究现状

1.1.1 常微分方程的发展

常微分方程这门学科拥有悠久的历史, 其发展可追溯到 17 世纪初期. 早在 1614 年, 苏格兰数学家纳皮尔创立对数的过程中就蕴涵了微分方程的思想. 随后, 人们成功地运用常微分方程解决了五大公开挑战问题, 即 "等时问题" "悬链线问题" "双曲线积分问题" "最速降线问题" "正交轨线问题". 使常微分方程的研究备受学术界的关注, 同时也充分表明常微分方程在实际应用中的巨大作用. 随着社会生产力的发展, 常微分方程的应用范围不断扩大, 已深入到物理、化工、医学、经济学等各个领域. 正是这广泛而深刻的实际背景, 使它至今保持着进一步发展的活力.

常微分方程研究初期, 人们致力于寻求它的各种初等解法. 莱布尼茨利用分离变量法解决了一阶线性非齐次方程, 欧拉通过引入新变量的方法求解了二阶方程, 里卡蒂运用 "降阶法" 解决了不依赖于自变量的二阶方程. 此外, 牛顿、伯努利兄弟、克莱洛等数学家也都为常微分方程初等解法的研究作出了卓越贡献. 直到 1841 年, 刘维尔证明了里卡蒂方程 $\dfrac{\mathrm{d}y}{\mathrm{d}x} = p(x)y^2 + q(x)y + r(x)$ 的解不能用初等函数的积分表示出来, 才使人们从求通解的热潮转向常微分方程定解问题的研究. 数学家柯西、利普希茨、佩业诺、毕卡、福克斯等在解的存在性、唯一性、延展性、整体存在性、奇解等方面的工作, 推动了常微分方程定性理论的形成与发展.

边值问题是微分方程理论的一个重要分支, 它广泛应用于气体动力学、流体力

学、经济学、天文学、非线性光学等领域. 该问题最初是通过运用"分离变量法"求
解二阶线性数学物理方程时提出的. Liouville 和 Sturm 于 1836 年开始从事边值问
题的研究工作, 共同研究了一般的二阶线性微分方程特征值性质、特征函数的性态
和任意函数都可用特征函数进行级数展开的性质等, 并形成了 Sturm-Liouville 理
论. 20 世纪初 Hilbert 和 Bocher 作出的一系列工作, 为常微分方程边值问题的研究
奠定了理论基础. 随后兴起的非线性分析理论为常微分方程定解问题的研究提供
有力工具, 从而推动了常微分方程边值问题研究的迅猛发展.

近几十年来, 国内外许多学者如 R. P. Agarwal、D. O'Regan、葛渭高、马如云等
相继出版了关于常微分方程边值问题的专著 [1]—[6] 和论文 [7]—[20], 系统地总结
了非线性泛函分析在常微分方程边值问题中的应用, 以及非线性常微分方程边值问
题的研究方法与成果. 随着常微分方程应用领域的推广与研究工作的深入, 数学工
作者们开始研究更为广泛的边值条件, 如多点边值条件 [8,9,12,13,21−31]、积分边值条
件 [11,32−42,62] 等, 以及更具一般性的方程, 如高阶常微分方程 [10,43−50]、具 p-Laplace
算子的常微分方程 [7,51−61] 等.

1.1.2   相关问题研究现状

具 p-Laplace 算子的常微分方程一直是数学工作者们关注和研究的热点之一.
吕海琛和钟承奎 [51] 考虑了如下问题:

$$(\phi_p(y'))' + f(t,y) = 0, \quad t \in (0,1),$$

$$y(0) = y(1) = 0,$$

其中 $\phi_p(s) = |s|^{p-2}s,\ p > 1$. 在非线性项 $f(t,y)$ 不具有单调性的情况下, 作者借助
锥上的不动点定理得到了该问题解的存在性.

白占兵和葛渭高 [7] 运用文献 [63] 中建立的继 Leggett-Williams 多重不动点定
理、Avery 不动点定理和 Avery-Peterson 不动点定理 [5] 之后的一个新的多重不动
点定理, 研究了一维奇异 p-Laplace 问题

$$(\phi_p(x'(t)))' + q(t)f(t,x(t),x'(t)) = 0, \quad 0 < t < 1,$$

$$x(0) = x(1) = 0,$$

或

$$x(0) = x'(1) = 0$$

三个正解及 $2n-1$ 个正解的存在性.

D. X. Ma, J. X. Han 和 X. G. Chen[21] 研究了当非线性项 $f(t,u)$ 可能在 $u = 0$ 处有奇性的三点边值问题

$$(\phi_p(u'))' + q(t)f(t,u) = 0, \quad 0 < t < 1,$$

$$u(0) - g(u'(0)) = 0, \quad u(1) - \beta u(\eta) = 0,$$

或

$$u(0) - \alpha u(\eta) = 0, \quad u(1) - g(u'(1)) = 0.$$

作者通过对边界条件正则化以及对正则化问题的解作先验估计, 获得了所讨论问题解的存在性.

封汉颖和葛渭高 [22] 运用 Avery-Peterson 不动点定理, 得出边值问题

$$(\phi_p(u'(t)))' + q(t)f(t,u(t),u'(t)) = 0, \quad 0 < t < 1,$$

$$u(0) - \sum_{i=1}^{n} \alpha_i u'(\xi_i) = 0,$$

$$u(1) + \sum_{i=1}^{n} \alpha_i u'(\eta_i) = 0$$

至少三个对称正解的存在性. 关于具 p-Laplace 算子的两点、三点及多点边值问题, 已有了广泛的研究 [8,9,23–27,32,52–58,64–67].

二阶常微分方程是常微分方程理论中最具代表性的方程, 也有很好的应用背景, 并取得了丰硕的结果 [20,29,59,68–76].

姚庆六 [68] 考虑了如下二阶常微分方程的两点边值问题:

$$\begin{cases} u''(t) = \lambda q(t)f(t,u(t),u'(t)), & 0 < t < 1, \\ \alpha u(0) - \beta u'(0) = d, \\ u(1) = 0, \end{cases}$$

其中 $f(t, u, v)$ 在 $t = 0$, $t = 1$ 和 $u = 0$ 处奇异. 作者改进了多数研究中要求非线性项 $q(t)f(t, u, v)$ 的非正性, 允许在 $[0,1] \times [0, +\infty) \times (-\infty, +\infty)$ 的适当子集上非负, 并且将 $q(t)$ 连续减弱为可积, 利用 Leray-Schauder 不动点定理得到了该问题正解的存在性.

孙永平 [28] 运用锥上的拉伸与压缩不动点定理, 得到了如下二阶三点边值问题:

$$
\begin{cases}
u''(t) + a(t)f(t, u(t)) = 0, & 0 < t < 1, \\
u(t) = u(1 - t), \\
u'(0) - u'(1) = u\left(\dfrac{1}{2}\right)
\end{cases}
$$

至少存在两个对称正解. 这里 $a : (0, 1) \longrightarrow [0, \infty)$ 在 $(0, 1)$ 上对称, 且在 $t = 0$, $t = 1$ 处可能奇异; $f : [0, 1] \times [0, \infty) \longrightarrow [0, \infty)$ 连续, 对任意 $u \in [0, \infty)$, $f(\cdot, u)$ 在 $(0, 1)$ 上对称.

B. Ahmad, A. Alsaedi, B. S. Alghamdi[33] 研究了如下的二阶积分边值条件的杜芬方程:

$$
\begin{cases}
u''(t) + \sigma u'(t) + f(t, u) = 0, & 0 < t < 1,\ \sigma \in \mathbb{R} - \{0\}, \\
u(0) - \mu_1 u'(0) = \displaystyle\int_0^1 q_1(u(s))\mathrm{d}s, \\
u(1) - \mu_2 u'(1) = \displaystyle\int_0^1 q_2(u(s))\mathrm{d}s,
\end{cases}
$$

其中 $f : [0, 1] \times \mathbb{R} \longrightarrow \mathbb{R}$, $q_i : \mathbb{R} \longrightarrow \mathbb{R}(i = 1, 2)$ 连续, μ_i 为非负参数. 作者借助上下解方法得到近似解序列, 单调迭代收敛于该问题的解.

A. Boucherif[62] 运用 Krasnoselskii 不动点定理, 得出二阶积分边值问题

$$
\begin{cases}
y''(t) = f(t, y(t)), & 0 < t < 1, \\
y(0) - ay'(0) = \displaystyle\int_0^1 g_0(y(s))\mathrm{d}s, \\
y(1) - by'(1) = \displaystyle\int_0^1 g_1(y(s))\mathrm{d}s
\end{cases}
$$

解的存在性.

Z. L. Yang[34] 应用锥上的不动点指数定理, 得出了非局部边值条件的二阶常微

分方程组

$$\begin{cases} -u'' = f(t, u, v), \\[2mm] -v'' = g(t, u, v), \\[2mm] u(0) = v(0) = 0, \\[2mm] u(1) = H_1\left(\displaystyle\int_0^1 u(\tau)\mathrm{d}\alpha(\tau)\right), \\[2mm] v(1) = H_2\left(\displaystyle\int_0^1 v(\tau)\mathrm{d}\beta(\tau)\right) \end{cases}$$

至少存在两个正解. 关于二阶积分边值问题的更多结果可参考文献 [35]—[38] 及其相关参考文献.

高阶常微分方程在各种边值条件下解的存在性, 近些年研究也比较广泛. 例如, M. R. Grossinho 等 [43] 考虑了如下三阶分离边值问题:

$$u'''(t) = f(t, u(t), u'(t), u''(t)),$$
$$u(a) = A, \quad u''(a) = B, \quad u''(b) = C,$$

或

$$u(a) = A, \quad c_1 u'(a) - c_2 u''(a) = B, \quad c_3 u'(b) + c_4 u''(b) = C,$$

其中 $c_1, c_2, c_3, c_4 \in \mathbb{R}^+$, $A, B, C \in \mathbb{R}$, $f : [a,b] \times \mathbb{R}^3 \longrightarrow \mathbb{R}$ 连续且满足单边 Nagumo 条件. 作者借助上下解方法及 Leray-Schauder 度得到了解的存在性.

F. Minhós, T. Gyulov, A. I. Santos[44] 应用上下解方法和 Leray-Schauder 度得到了非线性项依赖于未知函数各项低阶导数的四阶常微分方程边值问题

$$u^{(iv)}(t) = f(t, u(t), u'(t), u''(t), u'''(t)), \quad 0 < t < 1,$$
$$u(0) = u(1) = u''(0) = u''(1) = 0$$

解的存在性, 其中 $f : [0,1] \times \mathbb{R}^4 \longrightarrow \mathbb{R}$ 连续且满足双边 Nagumo 条件.

H. Y. Feng, D. H. Ji, W. G. Ge[10] 研究了四阶两点边值问题

$$x''''(t) - f(t, x(t), x'(t), x''(t), x'''(t)) = 0, \quad 0 < t < 1,$$
$$x(0) = x'(1) = 0, \quad a x''(0) - b x'''(0) = 0, \quad c x''(1) + d x'''(1) = 0.$$

作者将四阶问题降阶为两个二阶问题, 借助上下解方法得到该问题解的存在性和唯一性.

孙永平 [39] 研究了四阶积分边值问题:

$$u''''(t) = g(t)f(t, u(t)), \quad 0 < t < 1,$$

$$u(0) = u(1) = \int_0^1 a(s)u(s)\mathrm{d}s,$$

$$u''(0) = u''(1) = \int_0^1 b(s)u''(s)\mathrm{d}s.$$

作者先将四阶问题转化为两个二阶问题, 然后利用锥上拉伸与压缩不动点定理得到了该问题对称正解的存在性和多重性.

王友雨和葛渭高 [11] 借助上下解方法讨论了具类 p-Laplace 算子的积分边值问题

$$(\phi(u''))' = f(t, u(t), u'(t), u''(t)), \quad 0 < t < 1,$$

$$u(0) = 0,$$

$$u'(0) - k_1 u''(0) = \int_0^1 h_1(u(s))\mathrm{d}s,$$

$$u'(1) + k_2 u''(1) = \int_0^1 h_2(u(s))\mathrm{d}s$$

解的存在性. 更多有关高阶常微分方程的结果可见文献 [12],[13],[30],[31],[40]—[42],[45]—[50],[60],[61] 及其相关参考文献.

时标理论产生于生态学模型、热传导模型及经济学模型等, 因其广泛的应用背景, 也备受学者们的关注. 关于时标动力学方程的边值问题、振动性问题、周期性问题的研究可参见文献 [77]—[92].

D. B. Wang[89] 利用 Guo-Krasnoselskii 不动点定理, 得到时标上具 p-Laplace 算子动力方程三点边值问题

$$[\Phi_p(u^\triangle(t))]^\nabla + a(t)f(t, u(t)) = 0, \quad t \in [0, T]_{\mathbb{T}},$$

$$u(0) = B_0(u^\triangle(\eta)) = 0, \quad u^\triangle(T) = 0,$$

$$或 \quad u^\triangle(0) = 0, \quad u(T) + B_1(u^\triangle(\eta)) = 0$$

正解的存在性、多解性、无穷多解性. 这里 $\Phi_p(s)$ 为 p-Laplace 算子, $\eta \in (0, \rho(T))_{\mathbb{T}}$.

H. R. Sun[90] 运用 Avery-Henderson 和 Leggett-Williams 不动点定理证明了多点边值问题

$$\begin{cases} [\Phi_p(u^{\triangle}(t))]^{\nabla} + a(t)f(t, u(t)) = 0, & t \in (0, T), \\ u^{\triangle}(0) = 0, & u(T) = \sum_{i=1}^{m-2} a_i u(\xi_i) \end{cases}$$

至少两个正解和至少三个正解的存在性. 其中 $f \in C((0, T) \times [0, \infty), [0, \infty)), a(t) \in C_{ld}((0, T), [0, \infty)), 0 < \sum_{i=1}^{m-2} a_i < 1.$

Y. K. Li 和 J. Y. Shu[91] 利用 Guo-Krasnoselskii 不动点定理和 Leggett-Williams 不动点定理研究了带时标的一阶非线性脉冲积分边值问题

$$\begin{cases} x^{\triangle}(t) + p(t)x(\sigma(t)) = f(t, x(\sigma(t))), & t \in J := [0, T]_{\mathbb{T}} \backslash t_1, t_2, \cdots, t_m, \\ \triangle x(t_i) = x(t_i^+) - x(t_i^-) = I_i(x(t_i)), & i = 1, 2, \cdots, m, \\ \alpha x(0) - \beta x(\sigma(T)) = \int_0^{\sigma(T)} g(s)x(s)\triangle s \end{cases}$$

至少存在一个、两个、三个正解.

1.2 预 备 知 识

为了方便读者阅读本书, 将书中所涉及的一些基本理论作简要的回顾.

1.2.1 基本概念

定义 1.2.1[93] 距离空间 X 中的集合 M 称为列紧的, 如果 M 中任何序列都含有一个收敛的子序列. 闭的列紧集称为自列紧的.

定义 1.2.2[93] 距离空间 X 中的集合 M 称为紧的, 如果 M 的任何开覆盖都存在有限的子覆盖. 在距离空间中紧集与自列紧集等价. 如果 M 的闭包是紧的, 则称 M 是相对紧的.

定义 1.2.3[94] 设 X, Y 是线性赋范空间, $T : X \longrightarrow Y$ 是线性算子, 如果 T 将 X 中的有界集映成 Y 中的相对紧集, 则称 T 是全连续线性算子.

定义 1.2.4[93]   设 X 是 Banach 空间, T 是 X 上的有界线性算子, 如果 T 具有

(i) $R(T)$ 是闭的,

(ii) $\dim N(T) < \infty$ 且 $\dim N(T') < \infty$,

则称 T 是 Fredholm 算子.

定义 1.2.5[93]   设 $\mathcal{F}$ 是一族从 $\langle X, d \rangle$ 到 $\langle Y, \rho \rangle$ 的函数. 如果对任给 $\varepsilon > 0$, 都存在 $\delta > 0$, 使得对一切 $f \in \mathcal{F}$, 都有

$$\rho(f(x), f(x')) < \varepsilon, \text{当} d(x, x') < \delta,$$

则称 $\mathcal{F}$ 是等度连续的.

定义 1.2.6[95]   设 E 是实 Banach 空间, 如果 P 是 E 中某非空凸闭集, 并且满足下面两个条件:

(i) $x \in P, \lambda \geqslant 0 \Rightarrow \lambda x \in P$;

(ii) $x \in P, -x \in P \Rightarrow x = \theta$, θ 表示为 E 中的零元素,

则称 P 是一个锥.

1.2.2 基本定理

定理 1.2.1 (二择一定理 [96])   设 X 是一个 Banach 空间, A 是 X 到 X 的全连续算子, 则对任意 $\lambda \neq 0$, 仅有下面两者之一成立:

(i) 对于任意 $y \in X$, 方程 $(A - \lambda I)x = y$ 存在唯一解 $x \in X$;

(ii) 方程 $(A - \lambda I)x = 0$ 存在一个非平凡解 $x \in X$, $x \neq 0$.

定理 1.2.2 (Arzelà-Ascoli 定理 [93]) $F \subset C([a, b])$ 是列紧集当且仅当 F 是一致有界且等度连续的函数族.

定理 1.2.3 (同伦不变性 [95])   设 $H : [0, 1] \times \overline{\Omega} \longrightarrow E$ 全连续, 令 $h_t(x) = x - H(t, x)$. 若 $p \notin h_t(\partial\Omega)$, $\forall\, 0 \leqslant t \leqslant 1$, 则对任意 $0 \leqslant t \leqslant 1$, $\deg(h_t, \Omega, p)$ 保持不变.

定理 1.2.4 (Kronecker 存在定理 [95])   若 $\deg(f, \Omega, p) \neq 0$, 则方程 $f(x) = p$ 在 Ω 内必有解.

定理 1.2.5 (Krasnoselskii 不动点定理 [97]) 设 E 为 Banach 空间, $K \subset E$ 是锥, Ω_1, Ω_2 是 E 上两个有界开集, 且 $\theta \in \Omega_1$, $\overline{\Omega_1} \subset \Omega_2$. 若算子 $T : K \cap (\overline{\Omega_2} \backslash \Omega_1) \longrightarrow K$ 为全连续算子, 满足:

(A_1) $\| Tx \| \leqslant \| x \|$, $\forall x \in K \cap \partial\Omega_1$; $\| Tx \| \geqslant \| x \|$, $\forall x \in K \cap \partial\Omega_2$, 或

(A_2) $\| Tx \| \geqslant \| x \|$, $\forall x \in K \cap \partial\Omega_1$; $\| Tx \| \leqslant \| x \|$, $\forall x \in K \cap \partial\Omega_2$,

则 T 在 $K \cap (\overline{\Omega_2} \backslash \Omega_1)$ 上至少有一个不动点.

1.3 本书内容简述

据我们所知, 人们对起源于热传导、地下水流、热电弹性、等离子物理等的常微分方程积分边值问题的研究工作相对比较少, 主要是由于积分条件在论证过程中产生了一些障碍, 增大了解决问题的难度. 本书针对常微分方程积分初 (边) 值的问题, 利用 Leray-Schauder 度、锥上的不动点定理及上下解方法, 研究了非线性常微分方程 (组) 的可解性、正解的存在性和多解性. 本书主体部分共四章, 主要内容如下:

在第 2 章中, 我们研究了具积分初 (边) 值条件的 p-Laplace 型常微分方程的可解性. 所讨论的问题为

$$
\begin{cases}
(\phi_p(u'))' = -f(t, u), & t \in (0, 1), \\
u(0) = \displaystyle\int_0^1 g(s)u(s)\mathrm{d}s, \\
u'(0) = A,
\end{cases}
\tag{1.1}
$$

其中 $f : [0, 1] \times \mathbb{R} \longrightarrow \mathbb{R}$ 连续, $g(s) \in L^1([0, 1])$, 以及

$$
\begin{cases}
(\phi_p(u'))' = -q(t)f(t, u, u'), & t \in (0, 1), \\
u(1) = \displaystyle\int_0^1 g(s)u(s)\mathrm{d}s, \\
u'(0) = A,
\end{cases}
\tag{1.2}
$$

其中 $f : [0, 1] \times \mathbb{R} \times \mathbb{R} \longrightarrow \mathbb{R}$ 连续, $g(s) \in L^1([0, 1])$, $q(t) \in L^1([0, 1])$.

具 p-Laplace 算子常微分方程的边值问题产生于非牛顿流体理论和多孔介质中气体的湍流理论, 并广泛地应用在非牛顿流体力学、燃烧理论、血浆问题、种群生

态学等领域. 由于其应用范围的广泛, 这类问题一直备受数学工作者们的偏爱. 虽然
具 p-Laplace 算子的常微分方程边值问题的研究成果已很丰硕, 但关于具 p-Laplace
算子的常微分方程积分初 (边) 值问题的结果并不多见. 因此, 我们将 p-Laplace 算
子与积分条件结合起来, 研究了一个具 p-Laplace 算子的积分初值问题和一个具 p-
Laplace 算子的积分边值问题. 加权函数的引入对带有 p-Laplace 算子的常微分方
程边值问题的研究增加了一些困难. 经典研究带 p-Laplace 算子的常微分方程边值
问题的方法不能直接地推广到我们所研究的问题上, 我们通过结合二择一定理和
拓扑度理论, 成功地克服了加权函数对解的存在性的影响. 这一部分的工作既有实
际应用价值, 又在一定程度上丰富了常微分方程积分边值问题的研究. 我们所得到
的主要结果如下.

定理 1.3.1　假设

(H$_1$) $\int_0^1 |g(s)|\mathrm{d}s = M < 1$;

(H$_2$) $|f(t,x)| \leqslant c_1\phi_p(|x|) + c_2$, $c_1, c_2 > 0$, 且 $c_1 < \phi_p\left(\dfrac{1-M}{2^{q-1}}\right)$ 成立,

则问题 (1.1) 至少存在一个解.

定理 1.3.2　假设

(H$_3$) $\int_0^1 |g(s)|\mathrm{d}s = M < 1$;

(H$_4$) $\int_0^1 |q(t)|\mathrm{d}t \leqslant M_1 < \infty$;

(H$_5$) $|f(s,x,y)| \leqslant c_1\phi_p(|x|+|y|) + c_2$, $c_1, c_2 > 0$, 且 $c_1 < \dfrac{\phi_p\left(\dfrac{1-M}{2^q}\right)}{M_1}$ 成立, 则

问题 (1.2) 至少存在一个解.

在第 3 章中, 我们研究了两类具积分边值条件的二阶常微分方程组正解的存
在性和多解性. 所讨论的方程组为

$$
\begin{cases}
x''(t) = -f(t, x(t), y(t)), & (t,x,y) \in (0,1) \times [0,+\infty) \times [0,+\infty), \\
y''(t) = -g(t, x(t), y(t)), & (t,x,y) \in (0,1) \times [0,+\infty) \times [0,+\infty), \\
x(0) - ax'(0) = \int_0^1 \varphi_0(s)x(s)\mathrm{d}s, & x(1) + bx'(1) = \int_0^1 \varphi_1(s)x(s)\mathrm{d}s, \\
y(0) - ay'(0) = \int_0^1 \psi_0(s)y(s)\mathrm{d}s, & y(1) + by'(1) = \int_0^1 \psi_1(s)y(s)\mathrm{d}s
\end{cases}
\tag{1.3}
$$

及

$$
\begin{cases}
x''(t) = -f(t, x(t), y(t)), & (t, x, y) \in (0, 1) \times [0, +\infty) \times [0, +\infty), \\[2mm]
y''(t) = -g(t, x(t), y(t)), & (t, x, y) \in (0, 1) \times [0, +\infty) \times [0, +\infty), \\[2mm]
x(0) - ax'(0) = \displaystyle\int_0^1 \varphi_0(s) y(s) \mathrm{d}s, \quad x(1) + bx'(1) = \displaystyle\int_0^1 \varphi_1(s) y(s) \mathrm{d}s, \\[2mm]
y(0) - ay'(0) = \displaystyle\int_0^1 \psi_0(s) x(s) \mathrm{d}s, \quad y(1) + by'(1) = \displaystyle\int_0^1 \psi_1(s) x(s) \mathrm{d}s,
\end{cases} \tag{1.4}
$$

其中 $f, g \in C([0, 1] \times [0, +\infty) \times [0, +\infty), [0, +\infty))$, $\varphi_0, \varphi_1, \psi_0, \psi_1 \in C([0, 1], [0, +\infty))$, a, b 都是正的参数.

这一章的工作主要受文献 [62] 的启发, 将其所论的单方程转化为方程组, 并进一步研究了边值条件耦合的方程组. 除讨论了方程组正解的存在性外, 我们还研究了其多解性. 由于是积分边值条件, 在给出方程组的等价积分方程组形式时有一定的困难. 我们将算子谱理论与不动点定理相结合攻克了这一难点. 方程组尤其是边值条件耦合的情况要比单方程复杂得多, 所以我们作了细致的计算验证工作. 这一部分的研究工作是文献 [62] 所论问题的一个推广.

我们得到主要结果为

假设

(A_0) $f, g \in C([0, 1] \times [0, +\infty) \times [0, +\infty), [0, +\infty))$, $\varphi_i, \psi_i \in C([0, 1], [0, +\infty))$, $i = 1, 2$, a, b 都是正的实参数.

(A_1) 定义函数

$$
\Phi(t, s) = \frac{1}{1 + a + b}[(1 + b - t)\varphi_0(s) + (a + t)\varphi_1(s)], \qquad t, s \in [0, 1],
$$

$$
\Psi(t, s) = \frac{1}{1 + a + b}[(1 + b - t)\psi_0(s) + (a + t)\psi_1(s)], \qquad t, s \in [0, 1],
$$

且满足

$$
0 \leqslant m_\Phi \triangleq \min\{\Phi(t, s) : t, s \in [0, 1]\} \leqslant M_\Phi \triangleq \max\{\Phi(t, s) : t, s \in [0, 1]\} < 1,
$$

$$
0 \leqslant m_\Psi \triangleq \min\{\Psi(t, s) : t, s \in [0, 1]\} \leqslant M_\Psi \triangleq \max\{\Psi(t, s) : t, s \in [0, 1]\} < 1.
$$

记

$$f_\beta = \liminf_{|x|+|y|\longrightarrow\beta} \min_{0\leqslant t\leqslant 1} \frac{f(t,x,y)}{|x|+|y|},$$

$$f^\beta = \limsup_{|x|+|y|\longrightarrow\beta} \max_{0\leqslant t\leqslant 1} \frac{f(t,x,y)}{|x|+|y|},$$

$$g_\beta = \liminf_{|x|+|y|\longrightarrow\beta} \min_{0\leqslant t\leqslant 1} \frac{g(t,x,y)}{|x|+|y|},$$

$$g^\beta = \limsup_{|x|+|y|\longrightarrow\beta} \max_{0\leqslant t\leqslant 1} \frac{g(t,x,y)}{|x|+|y|},$$

这里 $\beta = 0$ 或 ∞.

定理 1.3.3 假设 (A_0), (A_1) 成立. 若

$$f^0, g^0 < \frac{1-M}{2\displaystyle\int_0^1 G(s,s)\mathrm{d}s}, \qquad f_\infty, g_\infty > \frac{(1-m)^2}{2\gamma_0^2(1-M)\displaystyle\int_0^1 G(s,s)\mathrm{d}s},$$

则问题 (1.3) 至少存在一个正解 (问题 (1.4) 至少存在一个正解).

定理 1.3.4 假设 (A_0), (A_1) 成立. 若

$$f^\infty, g^\infty < \frac{1-M}{2\displaystyle\int_0^1 G(s,s)\mathrm{d}s}, \qquad f_0, g_0 > \frac{(1-m)^2}{2\gamma_0^2(1-M)\displaystyle\int_0^1 G(s,s)\mathrm{d}s},$$

则问题 (1.3) 至少存在一个正解 (问题 (1.4) 至少存在一个正解).

定理 1.3.5 假设 (A_0), (A_1) 成立. 并且 f, g 满足

(i) $f_0, g_\infty > \dfrac{(1-m)^2}{\gamma_0^2(1-M)\displaystyle\int_0^1 G(s,s)\mathrm{d}s}$;

(ii) 存在 $l > 0$, 使得

$$\max_{0\leqslant t\leqslant 1,(x,y)\in\partial\Omega_l} f(t,x,y) < \frac{1-M}{2\displaystyle\int_0^1 G(s,s)\mathrm{d}s}l,$$

$$\max_{0\leqslant t\leqslant 1,(x,y)\in\partial\Omega_l} g(t,x,y) < \frac{1-M}{2\displaystyle\int_0^1 G(s,s)\mathrm{d}s}l,$$

其中 $\Omega_l := \{(x,y) \in P \times P, \| (x,y) \| < l\}$, 则问题 (1.3) 至少存在两个正解 (问题 (1.4) 至少存在两个正解).

定理 1.3.6　假设 (A_0), (A_1) 成立. 并且 f, g 满足

(i) f_0, $f_\infty > \dfrac{(1-m)^2}{\gamma_0^2(1-M)\displaystyle\int_0^1 G(s,s)\mathrm{d}s}$,

　或 g_0, $f_\infty > \dfrac{(1-m)^2}{\gamma_0^2(1-M)\displaystyle\int_0^1 G(s,s)\mathrm{d}s}$,

　或 g_0, $g_\infty > \dfrac{(1-m)^2}{\gamma_0^2(1-M)\displaystyle\int_0^1 G(s,s)\mathrm{d}s}$;

(ii) $\exists\, l > 0$, 使得

$$\max_{0\leqslant t\leqslant 1, (x,y)\in\partial\Omega_l} f(t,x,y) < \frac{1-M}{2\displaystyle\int_0^1 G(s,s)\mathrm{d}s}\, l,$$

$$\max_{0\leqslant t\leqslant 1, (x,y)\in\partial\Omega_l} g(t,x,y) < \frac{1-M}{2\displaystyle\int_0^1 G(s,s)\mathrm{d}s}\, l,$$

其中 $\Omega_l := \{(x,y) \in P \times P, \| (x,y) \| < l\}$, 则问题 (1.3) 至少存在两个正解 (问题 (1.4) 至少存在两个正解).

在第 4 章中, 我们运用上下解方法研究了四阶边值问题

$$\begin{cases} u^{(4)}(t) = f(t, u(t), u'(t), u''(t), u'''(t)), & 0 < t < 1, \\ u(0) = u(1) = 0, \\ au''(0) - bu'''(0) = A, \\ cu''(1) + du'''(1) = B, \end{cases} \tag{1.5}$$

其中 $f : [0,1] \times \mathbb{R}^4 \longrightarrow \mathbb{R}$, $a, b, c, d \in \mathbb{R}^+ = (0, +\infty)$, $A, B \in \mathbb{R}$ 和具类 p-Laplace 算子的四阶积分边值问题

$$\begin{cases} (\phi(u'''(t)))' + f(t, u(t), u'(t), u''(t), u'''(t)) = 0, & 0 < t < 1, \\ u(0) = u(1) = 0, \\ u''(0) - k_1 u'''(0) = \displaystyle\int_0^1 h_1(u(s))\mathrm{d}s, \\ u''(1) + k_2 u'''(1) = \displaystyle\int_0^1 h_2(u(s))\mathrm{d}s \end{cases} \tag{1.6}$$

解的存在性, 其中 $f : [0,1] \times \mathbb{R}^4 \longrightarrow \mathbb{R}$, $h_i : \mathbb{R} \longrightarrow \mathbb{R}$ $(i = 1, 2)$ 是连续的, $k_1, k_2 \geqslant 0$, $\phi(u)$ 是严格增的连续函数, 且 $\phi(0) = 0$, $\phi(\mathbb{R}) = \mathbb{R}$, $\mathbb{R} = (-\infty, +\infty)$. 以及运用不动点定理讨论了具积分边值条件奇异四阶耦合常微分方程组问题

$$\begin{cases} u^{(4)}(t) = \omega_1(t)f(t, v(t), v''(t)), & (t, v, v'') \in (0, 1) \times [0, +\infty) \times (-\infty, 0], \\ v^{(4)}(t) = \omega_2(t)g(t, u(t), u''(t)), & (t, u, u'') \in (0, 1) \times [0, +\infty) \times (-\infty, 0], \\ u(0) = u(1) = \int_0^1 g_1(s)u(s)\mathrm{d}s, \ u''(0) = u''(1) = \int_0^1 h_1(s)u''(s)\mathrm{d}s, \\ v(0) = v(1) = \int_0^1 g_2(s)v(s)\mathrm{d}s, \ v''(0) = v''(1) = \int_0^1 h_2(s)v''(s)\mathrm{d}s \end{cases} \quad (1.7)$$

解的存在性及多解性. 这里 $f, g \in C[[0,1] \times [0, +\infty) \times (-\infty, 0], [0, +\infty)]$, ω_1, ω_2 可能在 $t = 0$ 或 $t = 1$ 奇异, $g_i(s), h_i(s) \in L^1[0,1]$, $i = 1, 2$, 且非负.

四阶常微分方程的鲜明背景就是可以描述弹性梁的形变. 在第 4 章的第一个问题中, 非线性项 f 满足的是单边 Nagumo 条件, 比具双边 Nagumo 条件要弱而且适用范围要广. 第二个问题主要是受王友雨 [11,59] 研究工作的启发, 研究了具类 p-Laplace 算子的积分边值问题. 第三个问题是由两个四阶常微分方程构成的耦合方程组, 其中 ω_1, ω_2 可能在 $t = 0$ 或 $t = 1$ 奇异的, 问题三较问题一、二增加了难度. 此外, 三个问题的非线性项都是依赖于未知函数的低阶导数的, 通过借鉴文献 [44] 给出合理的上下解定义, 克服了问题一、二在证明过程中的一些困难, 同时也为这类问题的研究提供了一个有益的思路. 首先我们给出问题 (1.5) 和 (1.6) 上下解的定义, 以及问题 (1.7) 的假设.

定义 1.3.1 设函数 $\alpha, \beta \in C^4((0,1)) \cap C^3([0,1])$ 满足

$$\alpha''(t) \leqslant \beta''(t), \quad \forall \, t \in [0, 1].$$

称 $\beta(t), \alpha(t)$ 为问题 (1.5) 的一对上下解, 若以下条件成立:

(i) $\alpha^{(4)}(t) \geqslant f(t, \alpha(t), \alpha'(t), \alpha''(t), \alpha'''(t))$,

$\quad \beta^{(4)}(t) \leqslant f(t, \beta(t), \beta'(t), \beta''(t), \beta'''(t))$;

(ii) $\alpha(0) \leqslant 0$, $\alpha(1) \leqslant 0$, $a\alpha''(0) - b\alpha'''(0) \leqslant A$, $c\alpha''(1) + d\alpha'''(1) \leqslant B$,

$\quad \beta(0) \geqslant 0$, $\beta(1) \geqslant 0$, $a\beta''(0) - b\beta'''(0) \geqslant A$, $c\beta''(1) + d\beta'''(1) \geqslant B$;

(iii) $\alpha'(0) - \beta'(0) \leqslant \min\{\beta(0) - \beta(1), \alpha(1) - \alpha(0), 0\}$.

定义 1.3.2 设函数 $\alpha, \beta \in C^3([0,1])$, $\phi(\alpha'''(t)), \phi(\beta'''(t)) \in C^1([0,1])$ 满足

$$\alpha''(t) \leqslant \beta''(t), \quad \forall\, t \in [0,1].$$

称 $\beta(t), \alpha(t)$ 为问题 (1.6) 的一对上下解, 若以下条件成立:

(i) $(\phi(\alpha'''(t)))' \geqslant -f(t, \alpha(t), \alpha'(t), \alpha''(t), \alpha'''(t))$,

$\quad (\phi(\beta'''(t)))' \leqslant -f(t, \beta(t), \beta'(t), \beta''(t), \beta'''(t))$;

(ii) $\alpha(0) \leqslant 0$, $\alpha(1) \leqslant 0$, $\alpha''(0) - k_1\alpha'''(0) \leqslant \int_0^1 h_1(\alpha(s))\mathrm{d}s$,

$\quad \alpha''(1) + k_2\alpha'''(1) \leqslant \int_0^1 h_2(\alpha(s))\mathrm{d}s$,

$\quad \beta''(0) \geqslant 0$, $\beta(1) \geqslant 0$, $\beta''(0) - k_1\beta'''(0) \geqslant \int_0^1 h_1(\beta(s))\mathrm{d}s$,

$\quad \beta''(1) + k_2\beta'''(1) \geqslant \int_0^1 h_2(\beta(s))\mathrm{d}s$;

(iii) $\alpha'(0) - \beta'(0) \leqslant \min\{\beta(0) - \beta(1), \alpha(1) - \alpha(0), 0\}$.

假设:

(H_1) f, $g \in C[[0,1] \times [0,+\infty) \times (-\infty, 0], [0,+\infty)]$, $g(t,0,0) = 0$, $t \in [0,1]$, $\omega_i \in C[(0,1), [0,+\infty)]$, 且满足 $0 < \int_0^1 \omega_i(s)\mathrm{d}s < +\infty$, $g_i, h_i \in L^1[0,1]$ 非负, $\mu_i, \nu_i \in (0,1)$, $\mu_i = \int_0^1 g_i(s)\mathrm{d}s, \nu_i = \int_0^1 h_i(s)\mathrm{d}s, i = 1,2$.

(H_2) 存在 $r_1, r_2 \in (0,+\infty)$, $r_1 r_2 \geqslant 1$ 满足

$$\lim_{|x|+|y| \longrightarrow 0^+} \sup \max_{t \in [0,1]} \frac{f(t,x,y)}{(|x|+|y|)^{r_1}} < +\infty,$$

$$\lim_{|x|+|y| \longrightarrow 0^+} \sup \max_{t \in [0,1]} \frac{g(t,x,y)}{(|x|+|y|)^{r_2}} = 0.$$

(H_3) 存在 $l_1, l_2 \in (0,+\infty)$, $l_1 l_2 \geqslant 1$ 满足

$$\lim_{|x|+|y| \longrightarrow +\infty} \inf \min_{t \in [0,1]} \frac{f(t,x,y)}{(|x|+|y|)^{l_1}} > 0,$$

$$\lim_{|x|+|y| \longrightarrow +\infty} \inf \min_{t \in [0,1]} \frac{g(t,x,y)}{(|x|+|y|)^{l_2}} = +\infty.$$

(H$_4$) 存在 $\alpha_1, \alpha_2 \in (0, +\infty)$, $\alpha_1\alpha_2 \leqslant 1$ 满足

$$\lim_{|x|+|y| \longrightarrow +\infty} \sup \max_{t \in [0,1]} \frac{f(t,x,y)}{(|x|+|y|)^{\alpha_1}} < +\infty,$$

$$\lim_{|x|+|y| \longrightarrow +\infty} \sup \max_{t \in [0,1]} \frac{g(t,x,y)}{(|x|+|y|)^{\alpha_2}} = 0.$$

(H$_5$) 存在 $\beta_1, \beta_2 \in (0, +\infty)$, $\beta_1\beta_2 \leqslant 1$ 满足

$$\lim_{|x|+|y| \longrightarrow 0^+} \inf \min_{t \in [0,1]} \frac{f(t,x,y)}{(|x|+|y|)^{\beta_1}} > 0,$$

$$\lim_{|x|+|y| \longrightarrow 0^+} \inf \min_{t \in [0,1]} \frac{g(t,x,y)}{(|x|+|y|)^{\beta_2}} = +\infty.$$

(H$_6$) 存在常数 $L > 0$, 使得

$$\sup_{(t,x,y)\in[0,1]\times[0,L_1]\times[-L_2,0]} f(t,x,y) \leqslant \frac{L}{2a},$$

其中

$$L_1 = \frac{M_0}{6}\gamma_2\gamma_2^1 \int_0^1 e(\eta)\omega_2(\eta)\mathrm{d}\eta,$$

$$L_2 = \gamma_2^1 M_0 \int_0^1 e(\eta)\omega_2(\eta)\mathrm{d}\eta,$$

$$M_0 = \sup_{\substack{0 \leqslant |x|+|y| \leqslant L \\ t \in [0,1]}} g(t,x,y),$$

$$a = \max\left\{ \frac{\gamma_1\gamma_1^1}{6} \int_0^1 e(\tau)\omega_1(\tau)\mathrm{d}\tau, \ \gamma_1^1 \int_0^1 e(\tau)\omega_1(\tau)\mathrm{d}\tau \right\},$$

$$\gamma_i = \frac{1}{1-\mu_i}, \quad \gamma_i^1 = \frac{1}{1-\nu_i}, \quad i = 1, 2.$$

所得主要结果为如下定理.

定理 1.3.7 假设 $\beta(t), \alpha(t)$ 为问题 (1.5) 的一对上下解. 设 $f \in C([0,1]\times\mathbb{R}^4, \mathbb{R})$ 且在

$$E_* = \{(t, x_0, x_1, x_2, x_3) \in [0,1]\times\mathbb{R}^4 : \alpha(t) \leqslant x_0 \leqslant \beta(t)\}$$

上满足单边 Nagumo 条件, 当 $(t, x_2, x_3) \in [0,1]\times\mathbb{R}^2$, $(\alpha(t), \alpha'(t)) \leqslant (x_0, x_1) \leqslant (\beta(t), \beta'(t))$ 时, f 满足

$$f(t, \alpha(t), \alpha'(t), x_2, x_3) \geqslant f(t, x_0, x_1, x_2, x_3) \geqslant f(t, \beta(t), \beta'(t), x_2, x_3),$$

其中 $(x_0, x_1) \leqslant (y_0, y_1)$, 即 $x_0 \leqslant y_0$ 和 $x_1 \leqslant y_1$. 则问题 (1.5) 至少存在一个解 $u(t) \in C^4([0, 1])$, 且对任意 $t \in [0, 1]$, 有

$$\alpha(t) \leqslant u(t) \leqslant \beta(t),$$
$$\alpha'(t) \leqslant u'(t) \leqslant \beta'(t),$$
$$\alpha''(t) \leqslant u''(t) \leqslant \beta''(t).$$

定理 1.3.8 假设

(B$_1$) $\beta(t)$, $\alpha(t)$ 是问题 (1.6) 的一对上下解;

(B$_2$) $f \in C([0, 1] \times \mathbb{R}^4, \mathbb{R})$, 且在

$$D := [0, 1] \times [\alpha(t), \beta(t)] \times [\alpha'(t), \beta'(t)] \times [\alpha''(t), \beta''(t)] \times \mathbb{R}$$

上满足 Nagumo 条件, 当 $(t, x_2, x_3) \in [0, 1] \times \mathbb{R}^2$, $(\alpha(t), \alpha'(t)) \leqslant (x_0, x_1) \leqslant (\beta(t), \beta'(t))$ 时, f 满足

$$f(t, \alpha(t), \alpha'(t), x_2, x_3) \leqslant f(t, x_0, x_1, x_2, x_3) \leqslant f(t, \beta(t), \beta'(t), x_2, x_3),$$

其中 $(x_0, x_1) \leqslant (y_0, y_1)$, 即 $x_0 \leqslant y_0$ 和 $x_1 \leqslant y_1$; $h_i : \mathbb{R} \longrightarrow \mathbb{R}$ $(i = 1, 2)$ 是连续的, 且 $h_i'(u) \geqslant 0$ $(i = 1, 2)$;

(B$_3$) ϕ 是连续的且严格递增, $\phi(0) = 0$, $\phi(\mathbb{R}) = \mathbb{R}$,

则问题 (1.6) 至少存在一个解 $u(t)$, 且对任意 $t \in [0, 1]$, 有 $\alpha(t) \leqslant u(t) \leqslant \beta(t)$, $\alpha'(t) \leqslant u'(t) \leqslant \beta'(t)$, $\alpha''(t) \leqslant u''(t) \leqslant \beta''(t)$, $|u'''(t)| \leqslant N$, 这里 N 是仅依赖于 α, β 和 ϕ 的常数.

定理 1.3.9 假设 (H$_1$)—(H$_3$) 成立, 则问题 (1.7) 至少存在一个正解 $(u(t), v(t))$.

定理 1.3.10 假设 (H$_1$), (H$_4$) 和 (H$_5$) 成立, 则问题 (1.7) 至少存在一个正解 (u, v).

定理 1.3.11 假设 (H$_1$), (H$_3$), (H$_5$) 和 (H$_6$) 成立, 则问题 (1.7) 至少存在两个正解 (u_1, v_1) 和 (u_2, v_2).

在第 5 章中, 我们讨论了具 p-Laplace 型算子时标上的积分初值问题

$$-(\phi_p(u^\triangle(t)))^\nabla = \frac{\lambda a(t)f(u(t))}{\left(\displaystyle\int_0^T f(u(s))\nabla s\right)^k}, \quad \forall\, t \in (0,T)_{\mathbb{T}},$$

$$u(0) = \int_0^T g(s)u(s)\nabla s,$$

$$u^\triangle(0) = A,$$

(1.8)

这里 $\phi_p(\cdot)$ 是 p-Laplace 算子, 定义为 $\phi_p(s) = \mid s \mid^{p-2} s,\ p > 1,\ \phi_p^{-1} = \phi_q$ 其中 q 是 p 的 Hölder 共轭, 即 $\dfrac{1}{p} + \dfrac{1}{q} = 1,\ \lambda > 0, k > 0,\ f : [0,T]_{\mathbb{T}} \longrightarrow \mathbb{R}^{+*}$ 连续 ($\mathbb{R}^{+*}$ 表示为正实数), $a : [0,T]_{\mathbb{T}} \longrightarrow \mathbb{R}^+$ 是左稠连续, $g(s) \in L^1([0,T]_{\mathbb{T}})$ 和 A 是实数.

假设:

(H_1) $\displaystyle\int_0^T |g(s)|\nabla s = M < 1$;

(H_2) $f : [0,T]_{\mathbb{T}} \longrightarrow \mathbb{R}^{+*}$ 是连续的;

(H_3) $a : [0,T]_{\mathbb{T}} \longrightarrow \mathbb{R}^+$ 左稠连续的, $\displaystyle\max_{t\in[0,T]_{\mathbb{T}}} a(t) \leqslant M_1$;

(H_4) $f(y) \leqslant [c_1\phi_p(|y|) + c_2]^{\frac{1}{1-k}}$, $c_1, c_2 > 0$ 和 $c_1 < \dfrac{\phi_p\left(\dfrac{1-M}{2^{q-1}T}\right)}{\lambda M_1 T^{1-k}}$, $k < 1$;

(H_5) $f(y) \geqslant [c_3\phi_p(|y|)]^{\frac{1}{1-k}}$, $c_3 > 0$ 和 $c_3 < \dfrac{\phi_p\left(\dfrac{1-M}{2^{q-1}T}\right)}{\lambda M_1 T^{1-k}}$, $k > 1$.

所得主要结果为如下定理.

定理 1.3.12   假设条件 (H_1)—(H_5) 成立, 则问题 (1.8) 至少存在一个解.

第2章 具积分初 (边) 值条件 p-Laplace 型

常微分方程解的存在性

本章研究具 p-Laplace 算子的积分初 (边) 值问题. 处理带 p-Laplace 算子的局部边值问题的经典方法主要有上下解方法、不动点定理, 但是这些方法不能直接推广到我们即将要研究的问题上, 主要是因为积分初 (边) 值条件中加权函数的可积性, 以及加权函数平均值的大小给我们所研究的问题带来了困难. 针对这个困难, 我们首先运用二择一定理研究了非齐次方程解的存在性, 进一步构造了一个同伦映射, 运用拓扑度理论证明了所研究问题解的存在性.

2.1 具 p-Laplace 算子的积分初值问题

本节我们研究具 p-Laplace 算子的常微分方程

$$(\phi_p(u'))' = -f(t, u), \quad t \in (0, 1) \tag{2.1}$$

在积分初值条件

$$\begin{aligned} u(0) &= \int_0^1 g(s)u(s)\mathrm{d}s, \\ u'(0) &= A \end{aligned} \tag{2.2}$$

下解的存在性. 这里 $\phi_p(s) = |s|^{p-2}s$, $\phi_p^{-1}(s) = \phi_q(s) = |s|^{q-2}s$, $p, q > 1$, $\dfrac{1}{p} + \dfrac{1}{q} = 1$, $f : [0, 1] \times \mathbb{R} \longrightarrow \mathbb{R}$ 连续, $g(s) \in L^1([0, 1])$, A 是一个实的常数.

2.1.1 准备工作

我们用 $C([0, 1])$ 表示 $[0, 1]$ 上的所有连续函数构成的 Banach 空间, 对于 $u \in C([0, 1])$, 赋予范数为 $\| u \| = \max\{| u(t) |; \ t \in [0, 1]\}$.

p-Laplace 算子 $\phi_p(s)$ 有如下一些运算性质.

性质 2.1.1　ϕ_p 为 p-Laplace 算子, 则有 $\phi_p(-s) = -\phi_p(s)$.

证明　$\phi_p(-s) = \mid -s \mid^{p-2} (-s) = -\mid s \mid^{p-2} s = -\phi_p(s)$.

当 $s \neq 0$ 时, 有 $s\phi_p(s) = s \mid s \mid^{p-2} s > 0$, 当 $s = 0$ 时, 有 $\phi_p(0) = -\phi_p(0)$, 即 $\phi_p(0) = 0$.

性质 2.1.2　ϕ_p 为 p-Laplace 算子, 则有 $\phi_p(st) = \phi_p(s)\phi_p(t)$.

证明　$\phi_p(st) = \mid st \mid^{p-2} st = \phi_p(s)\phi_p(t)$.

当 $s = 1$ 时,$\phi_p(1) = [\phi_p(1)]^2$, 由性质 2.1.1 得 $\phi_p(1) > 0$, 故 $\phi_p(1) = 1$. 当 $s = -1$ 时,$\phi_p(-1) = -\phi_p(1) = -1$.

性质 2.1.3　ϕ_p 为 p-Laplace 算子, 则当 $p \geqslant 2, s, t > 0$ 时, 有 $\phi_p(s+t) \leqslant 2^{p-1}(\phi_p(s) + \phi_p(t))$, 当 $1 < p < 2, s, t > 0$ 时, 有 $\phi_p(s+t) \leqslant \phi_p(s) + \phi_p(t)$.

证明　当 $p \geqslant 2, s, t > 0$ 时, 往证 $(s+t)^{p-1} \leqslant 2^{p-1}(s^{p-1} + t^{p-1})$. 不妨假设 $s < t$, 则只需证 $\left(1 + \dfrac{t}{s}\right)^{p-1} \leqslant 2^{p-1}\left(1 + \left(\dfrac{t}{s}\right)^{p-1}\right)$.

设 $x = \dfrac{t}{s} > 1$, 令 $f(x) = (1+x)^{p-1} - 2^{p-1}(1+x^{p-1})$, 显然有 $f(1) = 2^{p-1} - 2^p < 0$. 又因为 $f'(x) = (p-1)(1+x)^{p-2} - 2(p-1)(2x)^{p-2}$, 当 $x > 1$ 时, 有 $2x > 1+x$, 从而有 $(2x)^{p-2} > (1+x)^{p-2}$, 所以 $f'(x) < 0, x > 1$, 即 $f(x) < f(1) < 0$. 故 $(s+t)^{p-1} \leqslant 2^{p-1}(s^{p-1} + t^{p-1})$.

当 $1 < p < 2, s, t > 0$ 时,$\phi_p(s+t) = (s+t)^{p-2}(s+t) = (s+t)^{p-2}s + (s+t)^{p-2}t$, 由于函数 $f(x) = x^{p-2}, 1 < p < 2, x > 0$ 是单调递减函数, 则有 $(s+t)^{p-2} \leqslant s^{p-2},(s+t)^{p-2} \leqslant t^{p-2}$, 故 $\phi_p(s+t) \leqslant \phi_p(s) + \phi_p(t)$.

考虑问题:

$$(\phi_p(x'))' = -y(t), \quad t \in (0,1), \tag{2.3}$$

$$\begin{aligned} &x(0) = \int_0^1 g(s)x(s)\mathrm{d}s, \\ &x'(0) = A, \end{aligned} \tag{2.4}$$

其中 $y \in C([0,1])$, $\displaystyle\int_0^1 g(s)\mathrm{d}s \neq 1$.

关于方程 (2.3) 两端从 0 到 t 进行积分, 得

$$\phi_p(x'(t)) - \phi_p(x'(0)) = -\int_0^t y(s)\mathrm{d}s.$$

再由积分初值条件 (2.4), 可得

$$x'(t) = \phi_p^{-1}\left(\phi_p(A) - \int_0^t y(s)\mathrm{d}s\right).$$

将上式两端从 0 到 t 进行积分, 得

$$x(t) - \int_0^1 g(s)x(s)\mathrm{d}s = \int_0^t \phi_p^{-1}\left(\phi_p(A) - \int_0^\tau y(s)\mathrm{d}s\right)\mathrm{d}\tau. \tag{2.5}$$

令 $F(t) := \int_0^t \phi_p^{-1}\left(\phi_p(A) - \int_0^\tau y(s)\mathrm{d}s\right)\mathrm{d}\tau$. 定义算子 $K : C([0,1]) \longrightarrow C([0,1])$
为

$$K(x(t)) = \int_0^1 g(s)x(s)\mathrm{d}s.$$

这样, 式 (2.5) 表示为

$$(I - K)x(t) = F(t). \tag{2.6}$$

从而, $x(t)$ 是问题 (2.3), (2.4) 的解当且仅当是问题 (2.6) 的解.

引理 2.1.1 $I - K$ 是一个 Fredholm 算子.

证明 要证明 $I - K$ 是一个 Fredholm 算子, 只需证明 K 是一个全连续算子.

由算子 K 的定义可见, K 是从 $C([0,1])$ 到 $C([0,1])$ 的有界线性算子, 并且 $\dim R(K) = 1$, 从而 K 是全连续算子. 证毕.

引理 2.1.2 问题 (2.3), (2.4) 有唯一解.

证明 因为求解问题 (2.3), (2.4) 的解等价于问题 (2.6) 的解, 所以只需证明问题 (2.6) 有唯一解即可.

由引理 2.1.1 知, 算子 K 是全连续的, 由二择一定理可知, 我们只需证明方程

$$(I - K)x(t) = 0 \tag{2.7}$$

仅有一个平凡解即可.

假设问题 (2.7) 有一个非平凡解 μ, 则 μ 是一个常数, 有

$$\mu = I\mu = K\mu.$$

由 K 的定义可得

$$\left[1 - \int_0^1 g(s)\mathrm{d}s \right] \mu = 0,$$

这与假设 $\displaystyle\int_0^1 g(s)\mathrm{d}s \neq 1$ 和 $\mu \not\equiv 0$ 矛盾. 证毕.

2.1.2　主要结果

给出 $f(t,x), g(s)$ 在本节中需要满足的条件:

(H_1) $\displaystyle\int_0^1 |g(s)|\mathrm{d}s = M < 1$;

(H_2) $|f(t,x)| \leqslant c_1\phi_p(|x|) + c_2$, $c_1, c_2 > 0$, 且 $c_1 < \phi_p\left(\dfrac{1-M}{2^{q-1}} \right)$.

通过前面的论证, 显然有问题 (2.1), (2.2) 的解 $u(t)$ 等价于积分方程

$$(I-K)u(t) = \int_0^t \phi_p^{-1}\left(\phi_p(A) - \int_0^\tau f(s,u(s))\mathrm{d}s \right)\mathrm{d}\tau \tag{2.8}$$

的解.

定义算子 $T: C([0,1]) \longrightarrow C([0,1])$ 为

$$(Tu)(t) = \int_0^t \phi_p^{-1}\left(\phi_p(A) - \int_0^\tau f(s,u(s))\mathrm{d}s \right)\mathrm{d}\tau,$$

则积分方程 (2.8) 可表示为

$$(I-K)u(t) = (Tu)(t).$$

为了证明问题 (2.8) 解的存在性, 还需要下面的引理.

引理 2.1.3　算子 $T: C([0,1]) \longrightarrow C([0,1])$ 是全连续算子.

证明　对任意的球 $B_1 = \{u \in C([0,1]); \|u\| \leqslant R_1\}$, 设

$$M_1 = \max_{\substack{0 \leqslant s \leqslant 1 \\ u \in B_1}} |f(s,u(s))|,$$

则当 $u \in B_1$ 时, 有

$$
\begin{aligned}
|(Tu)(t)| &\leqslant \int_0^t \left| \phi_p^{-1} \left(\phi_p(A) - \int_0^\tau f(s, u(s)) \mathrm{d}s \right) \right| \mathrm{d}\tau \\
&\leqslant \int_0^1 \phi_p^{-1} \left(\left| \phi_p(A) - \int_0^\tau f(s, u(s)) \mathrm{d}s \right| \right) \mathrm{d}\tau \\
&\leqslant \int_0^1 \phi_p^{-1} \left(|\phi_p(A)| + \left| \int_0^\tau f(s, u(s)) \mathrm{d}s \right| \right) \mathrm{d}\tau \\
&\leqslant \int_0^1 \phi_p^{-1} \left(|\phi_p(A)| + \int_0^1 |f(s, u(s))| \mathrm{d}s \right) \mathrm{d}\tau \\
&\leqslant \phi_p^{-1}(|\phi_p(A)| + M_1),
\end{aligned}
$$

可见, $T(B_1)$ 是一致有界的.

对任意的 $\varepsilon > 0$, 存在一个 $\delta = \dfrac{\varepsilon}{M_2} > 0$, $M_2 = \phi_p^{-1}(|\phi_p(A)| + M_1)$, 使得对任意的 $u \in B_1$, 当 $t_1, t_2 \in [0,1]$, $|t_1 - t_2| < \delta$ 时, 有

$$
\begin{aligned}
|(Tu)(t_1) - (Tu)(t_2)| &= \left| \int_{t_1}^{t_2} \phi_p^{-1} \left(\phi_p(A) - \int_0^\tau f(s, u(s)) \mathrm{d}s \right) \mathrm{d}\tau \right| \\
&\leqslant \int_{t_1}^{t_2} \phi_p^{-1} \left(|\phi_p(A)| + \int_0^\tau |f(s, u(s))| \mathrm{d}s \right) \mathrm{d}\tau \\
&\leqslant M_2 |t_1 - t_2| \\
&< \varepsilon.
\end{aligned}
$$

由此可见, $T(B_1)$ 在 $[0,1]$ 上是等度连续的.

因此, 由 Arzelà-Ascoli 定理知, 算子 $T : C([0,1]) \longrightarrow C([0,1])$ 是全连续算子. 证毕.

定理 2.1.1 假设 $(H_1), (H_2)$ 成立, 则问题 (2.1), (2.2) 至少存在一个解.

证明 只需证明等价积分方程

$$
(I - (K + T))u = 0 \tag{2.9}
$$

至少存在一个解.

定义 $H : [0,1] \times C([0,1]) \longrightarrow C([0,1])$ 为

$$
H(\sigma, u) = (K + \sigma T)u.
$$

由引理 2.1.1 和引理 2.1.3 知, 算子 K, T 是全连续算子, 故 H 是全连续的.

设 $h_\sigma(u) = u - H(\sigma, u)$, 则有

$$h_0(u) = (I - K)u,$$

$$h_1(u) = [I - (K + T)]u.$$

为了对函数 h_σ 运用 Leray-Schauder 拓扑度理论, 所以只需证明在 $C([0,1])$ 上存在球 $B_R(\theta)$, 使得半径 R 充分大时, 有 $\theta \notin h_\sigma(\partial B_R(\theta))$.

选择

$$R > \frac{2^{q-1}\phi_p^{-1}(|\phi_p(A)| + c_2)}{1 - M - 2^{q-1}\phi_p^{-1}(c_1)} > \frac{\phi_p^{-1}(|\phi_p(A)| + c_2)}{1 - M - \phi_p^{-1}(c_1)},$$

则对任意给定的 $u \in \partial B_R(\theta)$, 都存在一点 $t_0 \in [0,1]$, 使得 $|u(t_0)| = R$. 经计算有

$$|(h_\sigma u)(t_0)| = \left| u(t_0) - \left[\int_0^1 g(s)u(s)\mathrm{d}s + \sigma \int_0^{t_0} \phi_p^{-1}\left(\phi_p(A) - \int_0^\tau f(s, u(s))\mathrm{d}s \right) \mathrm{d}\tau \right] \right|$$

$$\geqslant |u(t_0)| - \left| \int_0^1 g(s)u(s)\mathrm{d}s + \sigma \int_0^{t_0} \phi_p^{-1}\left(\phi_p(A) - \int_0^\tau f(s, u(s))\mathrm{d}s \right) \mathrm{d}\tau \right|$$

$$\geqslant R - \left| \int_0^1 g(s)u(s)\mathrm{d}s \right| - \left| \int_0^{t_0} \phi_p^{-1}\left(\phi_p(A) - \int_0^\tau f(s, u(s))\mathrm{d}s \right) \mathrm{d}\tau \right|$$

$$\geqslant (1 - M)R - \int_0^1 \phi_p^{-1}\left(|\phi_p(A)| + \int_0^1 |f(s, u(s))|\mathrm{d}s \right) \mathrm{d}\tau.$$

对于 $q \geqslant 2$, 根据假设 (H$_2$) 和简单的计算, 有

$$|(h_\sigma u)(t_0)| \geqslant (1 - M)R - \int_0^1 \phi_p^{-1}\left(|\phi_p(A)| + \int_0^1 (c_1\phi_p(|u|) + c_2)\mathrm{d}s \right) \mathrm{d}\tau$$

$$\geqslant (1 - M)R - \int_0^1 \phi_p^{-1}\left((|\phi_p(A)| + c_2) + c_1\phi_p(\|u\|) \right)\mathrm{d}\tau$$

$$\geqslant (1 - M)R - 2^{q-1}[\phi_p^{-1}(|\phi_p(A)| + c_2) + \phi_p^{-1}(c_1)R]$$

$$\geqslant (1 - M - 2^{q-1}\phi_p^{-1}(c_1))R - 2^{q-1}\phi_p^{-1}(|\phi_p(A)| + c_2)$$

$$> 0.$$

仿照 $q \geqslant 2$ 的证明, 对于 $1 < q < 2$, 有

$$
\begin{aligned}
|(h_\sigma u)(t_0)| &\geqslant (1-M)R - \int_0^1 \phi_p^{-1}\left(|\phi_p(A)| + \int_0^1 (c_1\phi_p(|u|) + c_2)\mathrm{d}s\right)\mathrm{d}\tau \\
&\geqslant (1-M)R - \int_0^1 \phi_p^{-1}\left((|\phi_p(A)| + c_2) + c_1\phi_p(\|u\|)\right)\mathrm{d}\tau \\
&\geqslant (1-M)R - \phi_p^{-1}(|\phi_p(A)| + c_2) - \phi_p^{-1}(c_1)R \\
&\geqslant (1-M-\phi_p^{-1}(c_1))R - \phi_p^{-1}(|\phi_p(A)| + c_2) \\
&> 0.
\end{aligned}
$$

综上所述, 可知 $h_\sigma u \neq \theta$, 从而有 $\theta \notin h_\sigma(\partial B_R(\theta))$.

根据拓扑度的同伦不变性可得

$$
\deg(h_1, B_R(\theta), \theta) = \deg(h_0, B_R(\theta), \theta) = \pm 1 \neq 0.
$$

再由 Kronecker 存在定理知, 问题 (2.9) 存在一个解 $u \in B_R(\theta)$, 即问题 (2.1), (2.2) 在 $B_R(\theta)$ 上存在一个解. 证毕.

2.2 具 p-Laplace 算子的积分边值问题

本节研究具 p-Laplace 算子的常微分方程

$$
(\phi_p(u'))' = -\rho(t)f(t,u,u'), \quad t \in (0,1), \tag{2.10}
$$

在积分边值条件

$$
\begin{aligned}
u(1) &= \int_0^1 g(s)u(s)\mathrm{d}s, \\
u'(0) &= A
\end{aligned} \tag{2.11}
$$

下解的存在性. 这里 $\phi_p(s) = |s|^{p-2}s, \phi_p^{-1}(s) = \phi_q(s) = |s|^{q-2}s, \ p, q > 1, \ \dfrac{1}{p} + \dfrac{1}{q} = 1, f:[0,1] \times \mathbb{R} \times \mathbb{R} \longrightarrow \mathbb{R}$ 连续, $\rho(t) \in L^1([0,1]), g(s) \in L^1([0,1]), A$ 是一个实的常数.

可以看出本节研究的方程 (2.10) 的非线性项 $f(t,u,u')$ 与 2.1 节的非线性项有相似之处, 但它要依赖于未知函数的一阶导数, 而且 2.1 节讨论的是积分初值问题, 本节为积分边值问题. 沿用 2.1 节思路, 论证过程要困难些、复杂些.

2.2.1 准备工作

Banach 空间 $C^1([0,1])$ 的范数定义为 $\|u\|_1 = \max\{\|u(t)\|_0, \|u'(t)\|_0\}$, 其中 $\| u \|_0 = \max\{| u(t) |; \ t \in [0,1]\}$.

首先考虑问题:

$$(\phi_p(x'))' = -y(t), \quad t \in (0,1), \tag{2.12}$$

$$\begin{aligned} x(1) &= \int_0^1 g(s)x(s)\mathrm{d}s, \\ x'(0) &= A, \end{aligned} \tag{2.13}$$

其中 $y \in C([0,1])$, $\displaystyle\int_0^1 g(s)\mathrm{d}s \neq 1$.

关于方程 (2.12) 两端从 0 到 t 进行积分, 得

$$\phi_p(x'(t)) - \phi_p(x'(0)) = -\int_0^t y(s)\mathrm{d}s.$$

再由积分边值条件 (2.13) , 可得

$$x'(t) = \phi_p^{-1}\left(\phi_p(A) - \int_0^t y(s)\mathrm{d}s\right).$$

将上式两端从 t 到 1 进行积分, 得

$$x(t) - \int_0^1 g(s)x(s)\mathrm{d}s = -\int_t^1 \phi_p^{-1}(\phi_p(A) - \int_0^\tau y(s)\mathrm{d}s)\mathrm{d}\tau. \tag{2.14}$$

令 $F(t) := -\displaystyle\int_t^1 \phi_p^{-1}\left(\phi_p(A) - \int_0^\tau y(s)\mathrm{d}s\right)\mathrm{d}\tau$. 定义算子 $K : C([0,1]) \longrightarrow C([0,1])$ 为

$$K(x(t)) = \int_0^1 g(s)x(s)\mathrm{d}s.$$

这样, 式 (2.14) 表示为

$$(I - K)x(t) = F(t). \tag{2.15}$$

从而, $x(t)$ 是问题 (2.12), (2.13) 的解当且仅当是问题 (2.15) 的解.

引理 2.2.1 $I - K$ 是一个 Fredholm 算子.

证明 类似引理 2.1.1, 故略.

引理 2.2.2 问题 (2.12), (2.13) 有唯一解.

证明 类似引理 2.1.2, 故略.

2.2.2 主要结果

给出 $f(t, x, y), g(s), \rho(t)$ 在本节中需要满足的条件:

(H$_1$) $\displaystyle\int_0^1 |g(s)| \mathrm{d}s = M < 1$;

(H$_2$) $\displaystyle\int_0^1 |\rho(t)| \mathrm{d}t \leqslant M_1 < \infty$;

(H$_3$) $|f(s, x, y)| \leqslant c_1 \phi_p(|x| + |y|) + c_2$, $c_1, c_2 > 0$, 且 $c_1 < \dfrac{\phi_p\left(\dfrac{1 - M}{2^q}\right)}{M_1}$.

显然, 问题 (2.10), (2.11) 的解 $u(t)$ 等价于积分方程

$$(I - K)u(t) = -\int_t^1 \phi_p^{-1}\left(\phi_p(A) - \int_0^\tau \rho(s)f(s, u(s), u'(s))\mathrm{d}s\right)\mathrm{d}\tau \tag{2.16}$$

的解.

定义算子 $T: C^1([0, 1]) \longrightarrow C^1([0, 1])$ 为

$$(Tu)(t) = -\int_t^1 \phi_p^{-1}\left(\phi_p(A) - \int_0^\tau \rho(s)f(s, u(s), u'(s))\mathrm{d}s\right)\mathrm{d}\tau,$$

则积分方程 (2.16) 可表示为

$$(I - K)u(t) = (Tu)(t).$$

为了证明问题 (2.16) 解的存在性, 还需要下面的引理.

引理 2.2.3 算子 $T: C^1([0, 1]) \longrightarrow C^1([0, 1])$ 是全连续算子.

证明 对任意的球 $B_1 = \{u \in C^1([0, 1]); \|u\|_1 \leqslant R_1\}$, 设

$$M_2 = \max_{\substack{0 \leqslant s \leqslant 1 \\ u \in B_1}} |f(s, u(s), u'(s))|,$$

则当 $u \in B_1$ 时, 有

$$|(Tu)(t)| = \left| \int_t^1 \phi_p^{-1} \left(\phi_p(A) - \int_0^\tau \rho(s)f(s,u(s),u'(s))\mathrm{d}s \right) \mathrm{d}\tau \right|$$

$$\leqslant \int_t^1 \phi_p^{-1} \left(|\phi_p(A)| + \left| \int_0^\tau \rho(s)f(s,u(s),u'(s))\mathrm{d}s \right| \right) \mathrm{d}\tau$$

$$\leqslant \int_0^1 \phi_p^{-1} \left(|\phi_p(A)| + \int_0^1 |\rho(s)| \cdot |f(s,u(s),u'(s))|\mathrm{d}s \right) \mathrm{d}\tau$$

$$\leqslant \phi_p^{-1}(|\phi_p(A)| + M_1 M_2),$$

$$|(Tu)'(t)| = \left| \phi_p^{-1}(\phi_p(A) - \int_0^t \rho(s)f(s,u(s),u'(s))\mathrm{d}s \right|$$

$$\leqslant \phi_p^{-1} \left(|\phi_p(A)| + \int_0^1 |\rho(s)| \cdot |f(s,u(s),u'(s))|\mathrm{d}s \right)$$

$$\leqslant \phi_p^{-1}(|\phi_p(A)| + M_1 M_2).$$

可见, $T(B_1)$ 是一致有界的.

因为 ϕ_p^{-1} 在有限闭区间上一致连续, 所以对任意的 $\varepsilon > 0$, 存在一个 $\eta > 0$, 使得当 $|x_1 - x_2| < \eta$ 时, 有

$$|\phi_p^{-1}(x_1) - \phi_p^{-1}(x_2)| < \varepsilon.$$

对于上述 $\eta > 0$, 存在一个 $\delta = \dfrac{\eta}{M_1 M_2} > 0$, 使得对任意的 $u \in B_1$, $t_1, t_2 \in [0,1]$, $|t_1 - t_2| < \delta$ 时, 有

$$\left| \int_{t_1}^{t_2} \rho(s)f(s,u(s),u'(s))\mathrm{d}s \right| \leqslant M_1 M_2 |t_1 - t_2| < \eta.$$

从而有

$$|(Tu)'(t_1) - (Tu)'(t_2)| = \left| \phi_p^{-1} \left(\phi_p(A) - \int_0^{t_1} \rho(s)f(s,u(s),u'(s))\mathrm{d}s \right) \right.$$

$$\left. - \phi_p^{-1} \left(\phi_p(A) - \int_0^{t_2} \rho(s)f(s,u(s),u'(s))\mathrm{d}s \right) \right|$$

$$= \left| \phi_p^{-1} \left(\phi_p(A) - \int_0^{t_2} \rho(s)f(s,u(s),u'(s))\mathrm{d}s \right. \right.$$

$$\left. + \int_{t_1}^{t_2} \rho(s)f(s,u(s),u'(s))\mathrm{d}s \right)$$

$$\left. - \phi_p^{-1} \left(\phi_p(A) - \int_0^{t_2} \rho(s)f(s,u(s),u'(s))\mathrm{d}s \right) \right|$$

$$< \varepsilon,$$

故 $T(B_1)$ 在 $[0,1]$ 上是等度连续的.

由 Arzelà-Ascoli 定理知, 算子 $T : C^1([0,1]) \longrightarrow C^1([0,1])$ 是全连续算子. 证毕.

定理 2.2.1 假设 $(H_1) - (H_3)$ 成立, 则问题 (2.10), (2.11) 至少存在一个解.

证明 只需证明等价积分方程

$$(I - (K + T))u = 0 \tag{2.17}$$

至少存在一个解.

定义算子 $H : [0,1] \times C^1[0,1] \longrightarrow C^1[0,1]$ 为

$$H(\sigma, u) = (K + \sigma T)u.$$

由引理 2.2.1 和引理 2.2.3 知, 算子 K, T 是 $C^1([0,1])$ 全连续算子, 故 H 是全连续的.

设 $h_\sigma(u) = u - H(\sigma, u)$, 则有

$$h_0(u) = (I - K)u,$$

$$h_1(u) = [I - (K + T)]u.$$

为了对函数 h_σ 运用 Leray-Schauder 拓扑度理论, 所以只需证明在 $C^1([0,1])$ 上存在球 $B_R(\theta)$, 使得半径 R 充分大时, 有 $\theta \notin h_\sigma(\partial B_R(\theta))$.

选择

$$R > \frac{2^{q-1}\phi_p^{-1}(|\phi_p(A)| + M_1 c_2)}{1 - M - 2^q \phi_p^{-1}(M_1 c_1)},$$

容易验证

$$\frac{2^{q-1}\phi_p^{-1}(|\phi_p(A)| + M_1 c_2)}{1 - M - 2^q \phi_p^{-1}(M_1 c_1)} > \frac{2^{q-1}\phi_p^{-1}(|\phi_p(A)| + M_1 c_2)}{1 - 2^q \phi_p^{-1}(M_1 c_1)},$$

$$\frac{2^{q-1}\phi_p^{-1}(|\phi_p(A)| + M_1 c_2)}{1 - M - 2^q \phi_p^{-1}(M_1 c_1)} > \frac{\phi_p^{-1}(|\phi_p(A)| + M_1 c_2)}{1 - M - 2\phi_p^{-1}(M_1 c_1)},$$

$$\frac{2^{q-1}\phi_p^{-1}(|\phi_p(A)| + M_1 c_2)}{1 - M - 2^q \phi_p^{-1}(M_1 c_1)} > \frac{\phi_p^{-1}(|\phi_p(A)| + M_1 c_2)}{1 - 2\phi_p^{-1}(M_1 c_1)}.$$

对任意给定的 $u \in \partial B_R(\theta)$, 存在一点 $t_0 \in [0,1]$, 使得 $|u(t_0)| = R$ 或 $|u'(t_0)| = R$.

如果 $|u(t_0)| = R$, 经计算有

$$|(h_\sigma u)(t_0)| = \left| u(t_0) - \left[\int_0^1 g(s)u(s)\mathrm{d}s - \sigma \int_{t_0}^1 \phi_p^{-1}\bigg(\phi_p(A) \right. \right.$$
$$\left. \left. - \int_0^\tau \rho(s)f(s, u(s), u'(s))\mathrm{d}s \bigg)\mathrm{d}\tau \right] \right|$$
$$\geqslant |u(t_0)| - \left| \int_0^1 g(s)u(s)\mathrm{d}s \right|$$
$$- \left| \sigma \int_{t_0}^1 \phi_p^{-1}\left(\phi_p(A) - \int_0^\tau \rho(s)f(s, u(s), u'(s))\mathrm{d}s \right)\mathrm{d}\tau \right|$$
$$\geqslant (1 - M)R$$
$$- \int_0^1 \phi_p^{-1}\left(|\phi_p(A)| + \int_0^1 |\rho(s)| \cdot |f(s, u(s), u'(s))|\mathrm{d}s \right)\mathrm{d}\tau.$$

对于 $q \geqslant 2$, 根据假设 (H$_3$) 和简单的计算, 有

$$|(h_\sigma u)(t_0)| \geqslant (1 - M)R$$
$$- \int_0^1 \phi_p^{-1}\left(|\phi_p(A)| + \int_0^1 |\rho(s)|(c_1\phi_p(|u| + |u'|) + c_2)\mathrm{d}s \right)\mathrm{d}\tau$$
$$\geqslant (1 - M)R$$
$$- \int_0^1 \phi_p^{-1}\Big[(|\phi_p(A)| + M_1c_2) + M_1c_1\phi_p(2\|u\|_1) \Big]\mathrm{d}\tau$$
$$\geqslant (1 - M)R - 2^{q-1}[\phi_p^{-1}(|\phi_p(A)| + M_1c_2) + 2R\phi_p^{-1}(M_1c_1)]$$
$$\geqslant (1 - M - 2^q\phi_p^{-1}(M_1c_1))R - 2^{q-1}\phi_p^{-1}(|\phi_p(A)| + M_1c_2)$$
$$> 0,$$

仿照 $q \geqslant 2$ 的证明, 对于 $1 < q < 2$, 有

$$|(h_\sigma u)(t_0)| \geqslant (1 - M)R$$
$$- \int_0^1 \phi_p^{-1}\left(|\phi_p(A)| + \int_0^1 |\rho(s)|(c_1\phi_p(|u| + |u'|) + c_2)\mathrm{d}s \right)\mathrm{d}\tau$$
$$\geqslant (1 - M)R$$
$$- \int_0^1 \phi_p^{-1}\Big((|\phi_p(A)| + M_1c_2) + M_1c_1\phi_p(2\|u\|_1) \Big)\mathrm{d}\tau$$

$$\geqslant (1-M)R - \phi_p^{-1}(|\phi_p(A)| + M_1c_2) - \phi_p^{-1}(M_1c_1) \cdot 2R$$

$$\geqslant (1 - M - 2\phi_p^{-1}(M_1c_1))R - \phi_p^{-1}(|\phi_p(A)| + M_1c_2)$$

$$> 0,$$

即 $h_\sigma u \neq \theta$, 从而有 $\theta \notin h_\sigma(\partial B_R(\theta))$.

类似地, 如果 $|u'(t_0)| = R$, 当 $q \geqslant 2$ 情形, 经计算有

$$|(h_\sigma u)'(t_0)| = \left| u'(t_0) - \sigma\phi_p^{-1}\left(\phi_p(A) - \int_0^{t_0} \rho(s)f(s, u(s), u'(s))\mathrm{d}s\right)\right|$$

$$\geqslant |u'(t_0)| - \phi_p^{-1}\left(|\phi_p(A)| + \int_0^1 |\rho(s)| \cdot |f(s, u(s), u'(s))|\mathrm{d}s\right)$$

$$\geqslant R - \phi_p^{-1}[(|\phi_p(A)| + M_1c_2) + M_1c_1\phi_p(2R)]$$

$$\geqslant R - 2^{q-1}[\phi_p^{-1}(|\phi_p(A)| + M_1c_2) + 2\phi_p^{-1}(M_1c_1)R]$$

$$\geqslant (1 - 2^q\phi_p^{-1}(M_1c_1))R - 2^{q-1}\phi_p^{-1}(|\phi_p(A)| + M_1c_2)$$

$$> 0,$$

当 $1 < q < 2$ 情形下计算得

$$|(h_\sigma u)'(t_0)| = \left| u'(t_0) - \sigma\phi_p^{-1}\left(\phi_p(A) - \int_0^{t_0} \rho(s)f(s, u(s), u'(s))\mathrm{d}s\right)\right|$$

$$\geqslant |u'(t_0)| - \phi_p^{-1}\left(|\phi_p(A)| + \int_0^1 |\rho(s)| \cdot |f(s, u(s), u'(s))|\mathrm{d}s\right)$$

$$\geqslant R - \phi_p^{-1}[(|\phi_p(A)| + M_1c_2) + M_1c_1\phi_p(2R)]$$

$$\geqslant R - \phi_p^{-1}(|\phi_p(A)| + M_1c_2) - 2\phi_p^{-1}(M_1c_1)R$$

$$\geqslant (1 - 2\phi_p^{-1}(M_1c_1))R - \phi_p^{-1}(|\phi_p(A)| + M_1c_2)$$

$$> 0,$$

即 $h_\sigma u \neq \theta$, 从而有 $\theta \notin h_\sigma(\partial B_R(\theta))$.

应用拓扑度的同伦不变性可得

$$\deg(h_1, B_R(\theta), \theta) = \deg(h_0, B_R(\theta), \theta) = \pm 1 \neq 0.$$

再由 Kronecker 存在定理知, 问题 (2.17) 存在一个解 $u \in B_R(\theta)$, 即问题 (2.10),
(2.11) 在 $B_R(\theta)$ 上存在一个解. 证毕.

事实上, 通过研究上述具积分边值问题的常微分方程解的性质, 我们也可以去研究具积分边值条件的偏微分方程. 如文献 [98] 中作者郭斌和高文杰研究

$$\begin{cases} u_t - \operatorname{div}(|\nabla u|^{p-2}\nabla u) = au^m \int_\Omega u^n(y,t)\mathrm{d}y, & (x,t) \in \Omega \times (0,T), \\ u(x,t) = \int_\Omega \varphi(x,y)u(y,t)\mathrm{d}y, & (x,t) \in \partial\Omega \times (0,T), \\ u(x,0) = u_0(x), & x \in \Omega, \end{cases} \quad (2.18)$$

其中 Ω 为 $\mathbb{R}^N$ 中边界光滑的有界区域, 参数 $a > 0$ 和指数 $p > 2, n > 0, m \geqslant 0$. 权函数 $\varphi(x,y)$ 在 $\partial\Omega \times \overline{\Omega}$ 上非负连续, 且不恒为零.

为了内容的完整性, 我们先给出上下解的定义.

定义 2.2.1　　一个函数 $\underline{u}(x,t)$ 为问题 (2.18) 的下解是指 $\underline{u}(x,t) \in C(\Omega_T \cup S_T) \cap C^{2,1}(\Omega_T)$ 且满足

$$\begin{cases} \underline{u}_t - \operatorname{div}(|\nabla \underline{u}|^{p-2}\nabla \underline{u}) \leqslant a\underline{u}^m \int_\Omega \underline{u}^n(y,t)\mathrm{d}y, & (x,t) \in \Omega \times (0,T), \\ \underline{u}(x,t) \leqslant \int_\Omega \varphi(x,y)\underline{u}(y,t)\mathrm{d}y, & (x,t) \in \partial\Omega \times (0,T), \\ \underline{u}(x,0) \leqslant u_0(x), & x \in \Omega. \end{cases}$$

类似地, 我们可以定义上解.

定义 2.2.2　　一个函数 $\overline{u}(x,t)$ 为问题 (2.18) 的下解是指 $\overline{u}(u(x,t) \in C(\Omega_T \cup S_T) \cap C^{2,1}(\Omega_T)$ 且满足

$$\begin{cases} \overline{u}_t - \operatorname{div}(|\nabla \overline{u}|^{p-2}\nabla \overline{u}) \geqslant a\overline{u}^m \int_\Omega \overline{u}^n(y,t)\mathrm{d}y, & (x,t) \in \Omega \times (0,T), \\ \overline{u}(x,t) \geqslant \int_\Omega \varphi(x,y)\overline{u}(y,t)\mathrm{d}y, & (x,t) \in \partial\Omega \times (0,T), \\ \overline{u}(x,0) \geqslant u_0(x), & x \in \Omega. \end{cases}$$

接下来, 考虑问题 (2.18) 径向解的性质. 在叙述主要定理之前, 我们先给出一个引理. 根据定理 2.2.1 可得如下结论.

引理 2.2.4　　两点边值问题

$$(-r^{N-1}|\Phi'|^{p-2}\Phi')' = r^{N-1}, \quad r \in (0,R), \quad \Phi'(0) = 0, \quad \Phi(R) = 0, \quad (2.19)$$

存在解 $\Phi(r) \in C^1(0,R)$.

主要结果如下.

定理 2.2.2 假设 $u_0(x)$ 和指标 p, m, n 满足下述条件

(1) $u_0(x) \in C^{2+\alpha}(\overline{\Omega})$, $\mathrm{div}(|\nabla u_0|^{p-2}\nabla u_0) + a u_0^m \int_{\Omega} u_0^n(y)\mathrm{d}y > 0$, $x \in \Omega$;

(2) $n = p - 1, m = 0$ 或 $m = p, n = 0$;

(3) 存在一个半径充分大的球 $B_R(0)$ 满足 $B_R(0) \subseteq \Omega$;

(4) $\int_{\Omega} \Phi^{p-1}(r)\mathrm{d}r > \dfrac{1}{a}$,

则问题 (2.18) 的解在有限时刻爆破.

证明 情形一 ($n = p - 1, m = 0$). 不妨假设 $0 \in \Omega$(否则, 可以进行一个平移变换). 首先, 设 $B_R(0) \subset \Omega$ 是一个中心在原点, 半径为 R 的球. 根据对 $u_0(x)$ 的假设条件, 可以选取合适的 S_0, 使得

$$u_0(r) \geqslant S_0 \Phi(r), \quad r \in [0, R).$$

其次, 对充分大的 R, 可以定义

$$c \triangleq \int_0^R \Phi^{p-1}(r)\mathrm{d}r = \frac{1}{N}\left(\frac{p-1}{p}\right)^{p-1} R^{p+1} \int_0^1 (1 - t^{(\frac{p}{p-1})^{p-1}})\mathrm{d}t > \frac{1}{a}.$$

下一步考虑 Cauchy 问题:

$$\begin{cases} S'(t) = \dfrac{ac - 1}{M} S^{\delta}(t), \\ S(0) = S_0, \end{cases} \tag{2.20}$$

在这里

$$M \triangleq \left(1 - \frac{1}{p}\right) N^{\frac{1}{1-p}} R^{\frac{p}{p-1}}, \quad N = \max_{r \in (0,R)} |\Phi(r)| \quad \text{和} \quad \delta = p - 1 > 1.$$

则

$$S(t) = \frac{M^{\frac{1}{\delta-1}}}{[MS_0^{1-\delta} - (\delta-1)(ac-1)t]^{\frac{1}{\delta-1}}}, \quad 0 < t < T(S_0) = \frac{MS_0^{1-\delta}}{(\delta-1)(ac-1)},$$

蕴涵了

$$\lim_{t \to T(S_0)} S(t) = +\infty.$$

最后我们通过 $S(t)$ 和 $\Phi(r)$ 构造问题 (2.18) 的一个下解. 令 $W(t,r) = S(t)\Phi(r)$, 则直接计算有

$$W_t - r^{1-N}(r^{N-1}|W_r|^{p-2}W_r)_r - a\int_0^R W^n \mathrm{d}r$$

$$= \Phi S'(t) + S^{p-1}(t) - acS^n(t)$$

$$\leqslant MS'(t) - acS^{p-1}(t)$$

$$= M\left(S'(t) - \frac{ac-1}{M}S^{p-1}(t)\right) = 0, \quad (r,t) \in B_R(0) \times (0,T),$$

$$r^{N-1}|W_r|^{p-2}W_r|_{r=0} = 0, \quad t \in (0,T),$$

$$W(R,t) = S(t)\Phi(R) = 0 \leqslant \int_\Omega \phi(x,y)W(|y|,t)\mathrm{d}y, \quad t \in (0,T),$$

$$W(r,0) = S_0\Phi(r) \leqslant u_0(r), \quad r \in [0,R].$$

利用比较原理, 可得 $W(x,t) \leqslant u(x,t)$ 于 Ω_T. 故 u 在有限时刻爆破.

情形二 $(m = p, n = 0)$. 考虑辅助问题:

$$\begin{cases} v_t - \mathrm{div}(|\nabla v|^{p-2}\nabla v) = av^p, & (x,t) \in \Omega \times (0,T), \\ v(x,t) = 0, & (x,t) \in \partial\Omega \times (0,T), \\ v(x,0) = v_0(x), & x \in \Omega. \end{cases}$$

文献 [98] 给出了上述问题的解在有限时刻爆破. 经过简单的计算, 有

$$v_t - \mathrm{div}(|\nabla v|^{p-2}\nabla v) - a|v|^m = 0, \quad x \in \Omega, 0 < t < T$$

$$v(x,t) = 0 = \int_\Omega \varphi(x,y)v(y,t)\mathrm{d}y, \quad x \in \partial\Omega, 0 < t < T,$$

$$v(x,0) = v_0 \leqslant u_0, \quad x \in \Omega,$$

由下解的定义, 可知 $v(x,t)$ 是问题 (2.18) 的一个下解, 进而根据比较原理, 可知

$$u(x,t) \geqslant v(x,t), \quad x \in \Omega, \quad 0 < t < T.$$

注意到 v 在有限时刻爆破, 所以 u 在有限时刻爆破. 证毕.

对于非径向解, 借助常微分方程初 (边) 值问题的解也能获得类似结果, 具体地, 有如下两个定理.

定理 2.2.3 假设 $\int_\Omega \varphi(x,y)\mathrm{d}y \geqslant 1$, $x \in \partial\Omega$. 进一步, 如果 $m+n>1$, 则对于任何正初值, 问题 (2.18) 的解在有限时刻爆破.

证明 考虑初值问题

$$\begin{cases} V'(t) = a|\Omega|V^{m+n}, & t \in (0,T), \\ V(0) = V_0, \end{cases} \tag{2.21}$$

其中 $0 < V_0 < \min\limits_{x\in\Omega} u_0(x)$. 容易证明问题 (2.21) 的解在有限时刻 $T^* = \dfrac{v_0^{1-m-n}}{a|\Omega|(m+n-1)}$ 爆破. 直接计算, 可得

$$\begin{cases} V_t - \mathrm{div}(|\nabla V|^{p-2}\nabla V) - aV^m \int_\Omega V^n \mathrm{d}x = 0, & (x,t) \in \Omega \times (0,T), \\ V \leqslant \int_\Omega V(t)\varphi(x,y)\mathrm{d}y, & (x,t) \in \partial\Omega \times (0,T), \\ V(x,0) = V_0(x) \leqslant u_0, & x \in \Omega, \end{cases}$$

显然, V 是问题 (2.18) 的一个下解, 从而根据比较原理可知, 问题 (2.18) 的解在有限时刻爆破.

下面这个定理让我们更加清楚地了解权函数 φ 和初值以及指标之间的关系对解的影响.

定理 2.2.4 假设 $\int_\Omega \varphi(x,y)\mathrm{d}y \leqslant \dfrac{1}{2}$ 于 $x \in \partial\Omega$. 则

(1) 如果 $p > \max\{m+n+1, 2\}$, 那么问题 (2.18) 的非负解全局存在;

(2) 如果 $p = m+n+1 > 2$, 且 $|\Omega|$ 充分小, 那么对于充分小的初值 u_0, 问题 (2.18) 的非负解全局存在;

(3) 如果 $2 < p < m+n+1, m+n > 1$, 那么对于充分小的初值 u_0, 问题 (2.18) 的非负解全局存在, 而对于充分大的初值 u_0, 问题 (2.18) 的解在有限时刻爆破.

证明 设 $\Psi(x)$ 是下述问题

$$-\mathrm{div}(|\nabla\Psi|^{p-2}\nabla\Psi) = a, \quad x \in \Omega, \quad \Psi(x) = 0, \quad x \in \partial\Omega$$

的唯一解.

令

$$w(x,t) = K\left(1 + \frac{\Psi(x)}{M}\right), \tag{2.22}$$

其中 K 的值下面给出定义.

(1) 当 $n < p - m - 1$. 取

$$K = \max\{\max_{\overline{\Omega}} |u_0(x)|, \ (2^{p-1} M^{p-1} |\Omega|)^{1/(p-n-m-1)}\}.$$

则一方面我们有

$$w_t - \operatorname{div}(|\nabla w|^{p-2} \nabla w) - a w^m \int_{\Omega} w^n(y, t) \mathrm{d}y$$

$$= a K^{p-1} / M^{p-1} - a K^{m+n} \left(1 + \frac{\Psi(x)}{M}\right)^m \int_{\Omega} \left(1 + \frac{\Psi(x)}{M}\right)^n \mathrm{d}y$$

$$\geqslant a K^{p-1} / M^{p-1} - a K^{m+n} 2^{m+n} |\Omega| \geqslant 0. \tag{2.23}$$

另一方面, 容易看出

$$w|_{\partial\Omega} = K \geqslant 2K \int_{\Omega} \varphi(x, y) \mathrm{d}y$$

$$\geqslant K \int_{\Omega} \varphi(x, y) \left(1 + \frac{\Psi(y)}{M}\right) \mathrm{d}y$$

$$= \int_{\Omega} \varphi(x, y) w(y, t) \mathrm{d}y. \tag{2.24}$$

这说明 $w(x, t)$ 是问题 (2.18) 的一个上解. 比较原理表明 $u(x, t) \leqslant w(x, t)$, 即问题 (2.18) 的解全局存在.

(2) 当 $n = p - m - 1$. 选取 $|\Omega| \leqslant (2M)^{1-p}$, $K = \max\limits_{x \in \overline{\Omega}} |u_0(x)|$, 于是有

$$w_t - \operatorname{div}(|\nabla w|^{p-2} \nabla w) - a w^m \int_{\Omega} w^n(y, t) \mathrm{d}y$$

$$= a K^{p-1} / M^{p-1} - a K^{m+n} \left(1 + \frac{\Psi(x)}{M}\right)^m \int_{\Omega} \left(1 + \frac{\Psi(x)}{M}\right)^n \mathrm{d}y$$

$$\geqslant a K^{p-1} / M^{p-1} [1 - (2M)^{p-1} |\Omega|] \geqslant 0. \tag{2.25}$$

此外, 容易验证

$$w|_{\partial\Omega} = K \geqslant 2K \int_{\Omega} \varphi(x, y) \mathrm{d}y \geqslant K \int_{\Omega} \varphi(x, y) \left(1 + \frac{\Psi(y)}{M}\right) \mathrm{d}y$$

$$= \int_{\Omega} \varphi(x, y) w(y, t) \mathrm{d}y. \tag{2.26}$$

所以根据上解的定义, 可知 w 是一个上解. 比较原理表明结论成立.

(3) 当 $n > p - m - 1$ 且 $m + n > 1$. 首先选取

$$\max_{\overline{\Omega}} |u_0(x)| \leqslant K \leqslant (M^{1-p} 2^{-m-n} |\Omega|^{-1})^{1/(m+n+1-p)},$$

则类似情形二的证明, 我们能证明问题 (2.18) 的解全局存在.

其次, 我们证明爆破结果. 令

$$w(x,t) = \frac{1}{(T-t)^{\gamma}} V\left(\frac{|x|}{(T-t)^{\sigma}}\right),$$

其中

$$V(y) = \left(1 + \frac{A}{2} - \frac{y^2}{2A}\right)_+, \quad y \geqslant 0,$$

在这里的参数 γ, σ, $A > 1$ 和 $0 < T < 1$ 将在下面给出定义. 容易看出来, 对于充分小的 $T > 0$, 有

$$\operatorname{supp} w_+(\cdot, t) = \overline{B(0, R(T-t)^{\sigma})} \subset \overline{B(0, RT^{\sigma})} \subset \Omega, \quad R = \sqrt{(A(2+A))}. \quad (2.27)$$

为了计算的方便, 令 $y = \dfrac{|x|}{(T-t)^{\sigma}}$, 则直接计算可得

$$w_t(x,t) = \frac{\gamma V(y) + \sigma y V'(y)}{(T-t)^{\gamma+1}}, \quad -\Delta w(x,t) = \frac{N/A}{(T-t)^{\gamma+2\sigma}},$$

$$|\operatorname{div}(|\nabla w|^{p-2} \nabla w)| \leqslant \frac{N(p-1)(\operatorname{diam}\Omega)^{p-1}}{A(T-t)^{(\gamma+2\sigma)(p-1)}},$$

$$\int_{\Omega} w^n(y,t) \mathrm{d}y = \frac{1}{(T-t)^{n\gamma}} \int_{B(0, R(T-t)^{\sigma})} V^n\left(\frac{|x|}{(T-t)^{\sigma}}\right) \mathrm{d}x$$

$$= \frac{1}{(T-t)^{n\gamma - N\sigma}} \int_{B(0,R)} V^n(|\xi|) \mathrm{d}\xi = \frac{M_1}{(T-t)^{n\gamma - N\sigma}},$$

这里 $M_1 \triangleq \displaystyle\int_{B(0,R)} V^n(|\xi|) \mathrm{d}\xi$.

接下来我们分情况讨论. 如果 $0 \leqslant y \leqslant A$, 那么 $1 \leqslant V(y) \leqslant 1 + \dfrac{A}{2}$ 和 $V'(y) \leqslant 0$, 进而

$$w_t - \operatorname{div}(|\nabla w|^{p-2} \nabla w) - a \frac{V^m}{(T-t)^{m\gamma}} \int_{\Omega} w^n(y,t) \mathrm{d}y$$

$$\leqslant \frac{\gamma\left(1 + \dfrac{A}{2}\right)}{(T-t)^{\gamma+1}} + \frac{N(p-1)(\operatorname{diam}\Omega)^{p-2}}{A(T-t)^{(\gamma+2\sigma)(p-1)}} - a\frac{M_1}{(T-t)^{m\gamma+n\gamma-N\sigma}}. \quad (2.28)$$

如果 $y \geqslant A$, 蕴涵 $0 \leqslant V(y) \leqslant 1$ 和 $V'(y) \leqslant -1$, 于是有

$$w_t - \text{div}(|\nabla w|^{p-2}\nabla w) - a\frac{V^m}{(T-t)^{m\gamma}}\int_\Omega w^n(y,t)\mathrm{d}y$$

$$\leqslant \frac{\gamma - \sigma A}{(T-t)^{\gamma+1}} + \frac{N(p-1)(\text{diam}\Omega)^{p-2}}{A(T-t)^{(\gamma+2\sigma)(p-1)}}. \tag{2.29}$$

注意到 $p > 2, m + n > 1$ 和 $n > p - m - 1$, 可以选取两个参数 γ, σ 满足

$$0 < \sigma < \frac{m+n+1-p}{N(p-2)+2(p-1)(m+n-1)},$$

$$\frac{1+N\sigma}{m+n-1} < \gamma < \frac{1-2\sigma(p-1)}{p-2}.$$

最后可以选取

$$A > \left\{1, \gamma/\sigma, \frac{N(p-1)(\text{diam}\Omega)^{p-2}}{\sigma}\right\}.$$

根据 (2.28) 和 (2.29) 可得

$$w_t - \text{div}(|\nabla w|^{p-2}\nabla w) - aw^m\int_\Omega w^n(y,t)\mathrm{d}y \leqslant 0, \quad (x,t) \in \Omega_T.$$

显然, w 是一个下解, 由比较原理可知结论成立. 证毕.

对于更多利用常微分方程初 (边) 值问题去探索偏微分方程初 (边) 值问题解的爆破性和全局存在性, 可以参看文献 [99]—[104].

2.3　本章小结和后续工作

本章主要利用二择一定理和拓扑度理论讨论了拟线性常微分方程初 (边) 值问题解的存在性. 利用常微分方程初 (边) 值问题的解的性质, 讨论了拟线性抛物初 (边) 值问题解的爆破性和全局存在性. 所讨论的不论是积分初值问题还是积分边值问题, 都仅是在一个定解条件处是积分形式, 能否两个定解条件都是积分形式呢? 若沿用本章思路进行论证, 问题等价的积分方程的确定是困难的. 是否有其他方法可以解决这类问题, 留给读者思考. 此外, 对于偏微分方程, 由于技术原因, 我们给

权函数的积分加了一些技术性的条件. 为了去掉这些技术性条件, 发现归纳为是否能证明下述问题有解:

$$\begin{cases} -\operatorname{div}(|\nabla \Psi|^{p-2}\nabla \Psi) = a, & x \in \Omega, \\ \Psi(x) = \displaystyle\int_{\Omega} \varphi(x,y)\Psi(y)\mathrm{d}y, & x \in \partial\Omega. \end{cases}$$

第3章 具积分边值条件的二阶常微分方程组解的存在性

第 2 章讨论的问题仅在单个点处初 (边) 值条件是积分形式, 自然地, 我们要关注到两点处边值条件都是积分形式的问题. 本章就将讨论具有这种类型边值条件的二阶常微分方程组正解的存在性及多解性. 因为是积分边值条件, 所以在给出方程组的等价积分问题时, 有一定的困难. 我们改进了文献 [62] 中预解式表示形式的技术, 找到了合适的锥. 并在适当选取的锥上, 应用 Krasnoselskii 不动点定理, 得出算子具有不动点, 从而得到问题解的存在性.

3.1 具积分边值条件的二阶弱耦合常微分方程组

本节研究非线性项耦合的积分边值问题:

$$
\begin{aligned}
& x''(t) = -f(t, x(t), y(t)), && (t, x, y) \in (0,1) \times [0, +\infty) \times [0, +\infty), \\
& y''(t) = -g(t, x(t), y(t)), && (t, x, y) \in (0,1) \times [0, +\infty) \times [0, +\infty), \\
& x(0) - ax'(0) = \int_0^1 \varphi_0(s)x(s)\mathrm{d}s, \quad x(1) + bx'(1) = \int_0^1 \varphi_1(s)x(s)\mathrm{d}s, \\
& y(0) - ay'(0) = \int_0^1 \psi_0(s)y(s)\mathrm{d}s, \quad y(1) + by'(1) = \int_0^1 \psi_1(s)y(s)\mathrm{d}s
\end{aligned}
\tag{3.1}
$$

正解的存在性及多解性.

Banach 空间 $C[0,1]$ 的范数定义为 $\| u \| = \max\{| u(t) |, t \in [0,1]\}$, 从而 $C[0,1] \times C[0,1]$ 的范数为 $\| (u, v) \| = \| u \| + \| v \|$.

本章总是假设:

(H_0) $f,\ g \in C([0,1] \times [0, +\infty) \times [0, +\infty), [0, +\infty))$, $\varphi_i,\ \psi_i \in C([0,1], [0, +\infty))$, $i = 1, 2, a, b$ 都是正的实参数.

(H$_1$) 定义函数

$$\Phi(t,s) = \frac{1}{1+a+b}[(1+b-t)\varphi_0(s) + (a+t)\varphi_1(s)], \qquad t,s \in [0,1],$$

$$\Psi(t,s) = \frac{1}{1+a+b}[(1+b-t)\psi_0(s) + (a+t)\psi_1(s)], \qquad t,s \in [0,1],$$

且满足

$$0 \leqslant m_\Phi \triangleq \min\{\Phi(t,s) : t,s \in [0,1]\} \leqslant M_\Phi \triangleq \max\{\Phi(t,s) : t,s \in [0,1]\} < 1,$$

$$0 \leqslant m_\Psi \triangleq \min\{\Psi(t,s) : t,s \in [0,1]\} \leqslant M_\Psi \triangleq \max\{\Psi(t,s) : t,s \in [0,1]\} < 1.$$

3.1.1 准备工作

首先, 我们求解问题 (3.1) 等价的积分方程组.

将方程 $x''(t) = q_1(t)$ 两端从 0 到 t 进行积分, 得

$$x'(t) - x'(0) = -\int_0^t q_1(s)\mathrm{d}s,$$

再对上式两端从 0 到 t 进行积分, 得

$$x(t) - x(0) = tx'(0) - \int_0^t \int_0^r q_1(s)\mathrm{d}s\mathrm{d}r.$$

由边值条件 $x(0) - ax'(0) = \int_0^1 \varphi_0(s)x(s)\mathrm{d}s$, 解得 $x'(0) = \frac{1}{a}\left[x(0) - \int_0^1 \varphi_0(s)x(s)\mathrm{d}s\right]$
代入到上式整理得

$$x(t) = \frac{a+t}{a}x(0) - \frac{t}{a}\int_0^1 \varphi_0(s)x(s)\mathrm{d}s - \int_0^t \int_0^r q_1(s)\mathrm{d}s\mathrm{d}r.$$

令 $t = 1$, 得

$$x(1) = \frac{a+1}{a}x(0) - \frac{1}{a}\int_0^1 \varphi_0(s)x(s)\mathrm{d}s - \int_0^1 \int_0^r q_1(s)\mathrm{d}s\mathrm{d}r,$$

$$x'(1) = \frac{1}{a}\left[x(0) - \int_0^1 \varphi_0(s)x(s)\mathrm{d}s\right] - \int_0^1 q_1(s)\mathrm{d}s.$$

根据边值条件 $x(1) + bx'(1) = \int_0^1 \varphi_1(s)x(s)\mathrm{d}s$, 解得

$$x(0) = \frac{a}{1+a+b}\int_0^1 \varphi_1(s)x(s)\mathrm{d}s + \frac{1+b}{1+a+b}\int_0^1 \varphi_0(s)x(s)\mathrm{d}s$$
$$+ \frac{a}{1+a+b}\int_0^1\int_0^r q_1(s)\mathrm{d}s\mathrm{d}r + \frac{ab}{1+a+b}\int_0^1 q_1(s)\mathrm{d}s.$$

将 $x(0)$ 代入到 $x(t)$ 中整理得

$$x(t) = \frac{a+t}{1+a+b}\int_0^1 \varphi_1(s)x(s)\mathrm{d}s + \frac{1+b-t}{1+a+b}\int_0^1 \varphi_0(s)x(s)\mathrm{d}s$$
$$+ \frac{a+t}{1+a+b}\int_0^1\int_0^r q_1(s)\mathrm{d}s\mathrm{d}r + \frac{b(a+t)}{1+a+b}\int_0^1 q_1(s)\mathrm{d}s$$
$$- \int_0^t\int_0^r q_1(s)\mathrm{d}s\mathrm{d}r.$$

经过积分换序得到

$$x(t) = \frac{a+t}{1+a+b}\int_0^1 \varphi_1(s)x(s)\mathrm{d}s + \frac{1+b-t}{1+a+b}\int_0^1 \varphi_0(s)x(s)\mathrm{d}s$$
$$+ \frac{a+t}{1+a+b}\int_0^1 (1-s)q_1(s)\mathrm{d}s + \frac{b(a+t)}{1+a+b}\int_0^1 q_1(s)\mathrm{d}s$$
$$- \int_0^t (t-s)q_1(s)\mathrm{d}s.$$

进而有

$$x(t) = \frac{a+t}{1+a+b}\int_0^1 \varphi_1(s)x(s)\mathrm{d}s + \frac{1+b-t}{1+a+b}\int_0^1 \varphi_0(s)x(s)\mathrm{d}s$$
$$+ \int_0^t \frac{(a+s)(1+b-t)}{1+a+b}q_1(s)\mathrm{d}s + \int_t^1 \frac{(1+b-s)(a+t)}{1+a+b}q_1(s)\mathrm{d}s.$$

类似地, 可计算得

$$y(t) = \frac{a+t}{1+a+b}\int_0^1 \psi_1(s)y(s)\mathrm{d}s + \frac{1+b-t}{1+a+b}\int_0^1 \psi_0(s)y(s)\mathrm{d}s$$
$$+ \int_0^t \frac{(a+s)(1+b-t)}{1+a+b}q_2(s)\mathrm{d}s + \int_t^1 \frac{(1+b-s)(a+t)}{1+a+b}q_2(s)\mathrm{d}s.$$

这样问题 (3.1) 的解 $(x,y) \in C^2(0,1) \times C^2(0,1)$ 等价于下面积分方程组的解

$(x, y) \in C([0,1]) \times C([0,1])$,

$$x(t) = \int_0^1 G(t,s) f(s, x(s), y(s)) \mathrm{d}s + \frac{1+b-t}{1+a+b} \int_0^1 \varphi_0(s) x(s) \mathrm{d}s$$

$$+ \frac{a+t}{1+a+b} \int_0^1 \varphi_1(s) x(s) \mathrm{d}s, \quad t \in [0,1], \tag{3.2}$$

$$y(t) = \int_0^1 G(t,s) g(s, x(s), y(s)) \mathrm{d}s + \frac{1+b-t}{1+a+b} \int_0^1 \psi_0(s) y(s) \mathrm{d}s$$

$$+ \frac{a+t}{1+a+b} \int_0^1 \psi_1(s) y(s) \mathrm{d}s, \quad t \in [0,1],$$

其中

$$G(t,s) = \begin{cases} k_1(t) k_2(s), & 0 \leqslant t \leqslant s, \\ k_1(s) k_2(t), & 0 \leqslant s \leqslant t, \end{cases} \quad (t,s) \in [0,1] \times [0,1],$$

$$k_1(t) = a + t, \quad k_2(t) = \frac{1+b-t}{1+a+b}.$$

性质 3.1.1[62]   存在一个正的连续函数 $\gamma : [0,1] \longrightarrow \mathbb{R}$, 使得对任意的 $t, s \in [0,1]$, 有 $G(t,s) \geqslant \gamma(t) G(s,s)$, 且 $\gamma_0 := \min\{\gamma(t) : t \in [0,1]\} > 0$.

证明   令 $K = \max\{\| k_1 \|, \| k_2 \|\} = \max \left\{ 1+a, \dfrac{1+b}{1+b+a} \right\}$, 定义

$$\gamma(t) = \frac{1}{K} \min\{k_1(t), k_2(t)\}, \quad \forall t \in [0,1].$$

当 $t \leqslant s$ 时, 有

$$G(t,s) = k_1(t) k_2(s) \geqslant k_1(t) k_2(s) \frac{k_1(s)}{K}$$

$$= k_1(s) k_2(s) \frac{k_1(t)}{K} \geqslant k_1(s) k_2(s) \gamma(t)$$

$$= \gamma(t) G(s,s).$$

当 $s \leqslant t$ 时, 有

$$G(t,s) = k_1(s) k_2(t) \geqslant k_1(s) k_2(t) \frac{k_2(s)}{K}$$

$$= k_1(s) k_2(s) \frac{k_2(t)}{K} \geqslant k_1(s) k_2(s) \gamma(t)$$

$$= \gamma(t) G(s,s).$$

显然, 当 $t \in [0,1]$ 时, 有 $\gamma(t) > 0$. 因为 $\gamma(t)$ 在闭区间 $[0,1]$ 连续, 所以必存在一点, 使得函数 $\gamma(t)$ 取到最小值, 即 $\gamma_0 := \min\{\gamma(t) : t \in [0,1]\} > 0$.

性质 3.1.2[62]　　假设 (H_0) 成立, 那么对任意的 $t, s \in [0,1]$, 有 $G(t,s) \leqslant G(s,s)$.

证明　　当 $t \leqslant s$ 时, 有

$$G(t,s) = \frac{(a+t)(1+b-s)}{1+a+b} \leqslant \frac{(a+s)(1+b-s)}{1+a+b} = G(s,s).$$

当 $s \leqslant t$ 时, 有

$$G(t,s) = \frac{(a+s)(1+b-t)}{1+a+b} \leqslant \frac{(a+s)(1+b-s)}{1+a+b} = G(s,s).$$

定义算子 $A, B : C([0,1]) \times C([0,1]) \longrightarrow C([0,1])$ 为

$$A(x,y)(t) = \int_0^1 G(t,s)f(s,x(s),y(s))\mathrm{d}s + \int_0^1 \Phi(t,s)x(s)\mathrm{d}s,$$

$$B(x,y)(t) = \int_0^1 G(t,s)g(s,x(s),y(s))\mathrm{d}s + \int_0^1 \Psi(t,s)y(s)\mathrm{d}s,$$

并定义算子 $T : C([0,1]) \times C([0,1]) \longrightarrow C([0,1]) \times C([0,1])$ 为

$$T(x,y) = (A(x,y), B(x,y)), \quad (x,y) \in C([0,1]) \times C([0,1]). \tag{3.3}$$

这样, 问题 (3.1) 的解等价于算子 T 在 $C([0,1]) \times C([0,1])$ 上的不动点.

为证明问题 (3.1) 解的存在性还需以下引理.

引理 3.1.1　　假设 $(H_0), (H_1)$ 成立, 则 T 是 $C([0,1]) \times C([0,1]) \longrightarrow C([0,1]) \times C([0,1])$ 的全连续算子.

证明　　设 D 是 $C([0,1]) \times C([0,1])$ 中任意的有界集, 则存在 $\overline{M} > 0$, 对任意的 $(x,y) \in D$, 有 $\| (x,y) \| = \| x \| + \| y \| \leqslant \overline{M}$. 当 $(x,y) \in D$ 时, 由 $(H_0), (H_1)$ 及性质 3.1.2 可得

$$\| A(x,y) \| \leqslant L \int_0^1 | G(s,s) | \,\mathrm{d}s + M_\Phi \overline{M} < +\infty,$$

其中 $L = \max\{f(t,x,y) : 0 \leqslant t \leqslant 1, | x | \leqslant \overline{M}, | y | \leqslant \overline{M}\} + \max\{g(t,x,y) : 0 \leqslant t \leqslant 1, | x | \leqslant \overline{M}, | y | \leqslant \overline{M}\}$.

同理可得

$$\| B(x,y) \| \leqslant L \int_0^1 | G(s,s) | \, \mathrm{d}s + M_\Psi \overline{M} < +\infty.$$

再由空间 $C([0,1]) \times C([0,1])$ 范数的定义知,

$$\| T(x,y) \| \leqslant 2L \int_0^1 | G(s,s) | \, \mathrm{d}s + (M_\Phi + M_\Psi)\overline{M} < +\infty.$$

从而, T 在 D 上是一致有界的.

此外, $\forall\, t \in (0,1)$, 有

$$| A'(x,y)(t) | = \left| \frac{1}{1+a+b} \left[-\int_0^1 sf(s,x(s),y(s))\mathrm{d}s - a\int_0^t f(s,x(s),y(s))\mathrm{d}s \right. \right.$$
$$\left. \left. +(b+1)\int_t^1 f(s,x(s),y(s))\mathrm{d}s - \int_0^1 \varphi_0(s)x(s)\mathrm{d}s + \int_0^1 \varphi_1(s)x(s)\mathrm{d}s \right] \right|$$
$$\leqslant \frac{1}{1+a+b}[(2+a+b)L + 2K\overline{M}] < +\infty,$$

其中

$$K = \max\{\varphi_0(t) : 0 \leqslant t \leqslant 1\} + \max\{\varphi_1(t) : 0 \leqslant t \leqslant 1\}$$
$$+ \max\{\psi_0(t) : 0 \leqslant t \leqslant 1\} + \max\{\psi_1(t) : 0 \leqslant t \leqslant 1\}.$$

可见 $A(D)$ 是等度连续的. 再由 Ascoli-Arzelà 定理知, $A(D)$ 在 $C([0,1])$ 上是相对紧的.

类似可证 $B(D)$ 在 $C([0,1])$ 上也是相对紧的. 这样, $T(D)$ 在 $C([0,1]) \times C([0,1])$ 上是相对紧的. 再由 T 的定义知 T 是连续的, 所以 T 是全连续算子. 证毕.

令

$$E = C([0,1]) \times C([0,1]),$$
$$P = \{u \in C([0,1]),\ u(t) \geqslant 0,\ t \in [0,1]\},$$
$$P_0 = \left\{ (u,v) \in P \times P,\ \min_{0 \leqslant t \leqslant 1}\{u(t)+v(t)\} \geqslant \frac{1-M}{1-m}\gamma_0 \| (u,v) \| \right\},$$

其中

$$M = \max\{M_\Phi, M_\Psi\}, \quad m = \min\{m_\Phi, m_\Psi\}.$$

易证, P_0 是 E 上一个锥.

引理 3.1.2 假设 $(\mathrm{H}_0), (\mathrm{H}_1)$ 成立, 则 T 是 $P_0 \longrightarrow P_0$ 的全连续算子.

证明 由引理 3.1.1 知, 只需证明 $T(P_0) \subset P_0$.

定义算子 $F_A : C([0,1]) \times C([0,1]) \longrightarrow C([0,1])$ 为

$$F_A(x,y)(t) = \int_0^1 \Phi(t,s)x(s)\mathrm{d}s,$$

则有 $F_A(P \times P) \subset P$.

因为

$$\mid F_A(x,y) \mid \leqslant M_\Phi \parallel x \parallel \leqslant M_\Phi \parallel (x,y) \parallel,$$

所以 $\parallel F_A \parallel \leqslant M_\Phi < 1$, 从而 $I - F_A$ 可逆.

类似于文献 [62] 中引理 3, 有

$$A(x,y)(t) = \int_0^1 G(t,s)f(s,x(s),y(s))\mathrm{d}s$$
$$+ \int_0^1 R(t,s) \int_0^1 G(s,\tau)f(\tau,x(\tau),y(\tau))\mathrm{d}\tau\mathrm{d}s,$$

其中预解式 $R(t,s) = \sum\limits_{j=1}^{\infty} \Phi_j(t,s)$, $\Phi_j(t,s) = \int_0^1 \Phi(t,\tau)\Phi_{j-1}(\tau,s)\mathrm{d}\tau$, $j = 2,3,\cdots$,

$\Phi_1(t,s) = \Phi(t,s)$. 容易推出 $\dfrac{m_\Phi}{1-m_\Phi} \leqslant R(t,s) \leqslant \dfrac{M_\Phi}{1-M_\Phi}$.

由性质 3.1.1、性质 3.1.2 及 (H_1) 可得

$$A(x,y)(t) \geqslant \frac{\gamma_0}{1-m_\Phi} \int_0^1 G(s,s)f(s,x(s),y(s))\mathrm{d}s,$$
$$A(x,y)(t) \leqslant \frac{1}{1-M_\Phi} \int_0^1 G(s,s)f(s,x(s),y(s))\mathrm{d}s.$$

从而,

$$A(x,y)(t) \geqslant \frac{1-M_\Phi}{1-m_\Phi}\gamma_0 \parallel A(x,y) \parallel \geqslant \frac{1-M}{1-m}\gamma_0 \parallel A(x,y) \parallel. \tag{3.4}$$

同理可得

$$B(x,y)(t) \geqslant \frac{1-M}{1-m}\gamma_0 \parallel B(x,y) \parallel. \tag{3.5}$$

由 (3.4) 和 (3.5) 得

$$\min_{0 \leqslant t \leqslant 1} (A(x,y)(t) + B(x,y)(t)) \geqslant \frac{1-M}{1-m} \gamma_0 \parallel (A(x,y), B(x,y)) \parallel,$$

即 $T(P_0) \subset P_0$. 证毕.

3.1.2　主要结果

这部分将要证明问题 (3.1) 正解的存在性. 首先给出如下记号:

$$f_\beta = \liminf_{|x|+|y| \longrightarrow \beta} \min_{0 \leqslant t \leqslant 1} \frac{f(t,x,y)}{\mid x \mid + \mid y \mid},$$

$$f^\beta = \limsup_{|x|+|y| \longrightarrow \beta} \max_{0 \leqslant t \leqslant 1} \frac{f(t,x,y)}{\mid x \mid + \mid y \mid},$$

$$g_\beta = \liminf_{|x|+|y| \longrightarrow \beta} \min_{0 \leqslant t \leqslant 1} \frac{g(t,x,y)}{\mid x \mid + \mid y \mid},$$

$$g^\beta = \limsup_{|x|+|y| \longrightarrow \beta} \max_{0 \leqslant t \leqslant 1} \frac{g(t,x,y)}{\mid x \mid + \mid y \mid},$$

这里 $\beta = 0$ 或 ∞.

定理 3.1.1　假设 $(H_0), (H_1)$ 成立. 若

$$f^0, g^0 < \frac{1-M}{2 \displaystyle\int_0^1 G(s,s) \mathrm{d}s}, \quad f_\infty, g_\infty > \frac{(1-m)^2}{2\gamma_0^2 (1-M) \displaystyle\int_0^1 G(s,s) \mathrm{d}s},$$

则问题 (3.1) 至少存在一个正解.

证明　因为 $f^0,\ g^0 < \dfrac{1-M}{2 \displaystyle\int_0^1 G(s,s) \mathrm{d}s}$, 所以存在一个 $r > 0$, 使得

$$\forall\, t \in [0,1],\ \mid x \mid + \mid y \mid \leqslant r,$$

有

$$f(t,x,y) \leqslant (f^0 + \varepsilon_1) \cdot (\mid x \mid + \mid y \mid),$$

$$g(t,x,y) \leqslant (g^0 + \varepsilon_1) \cdot (\mid x \mid + \mid y \mid),$$

其中 ε_1 满足

$$f^0 + \varepsilon_1 \leqslant \frac{1-M}{2 \displaystyle\int_0^1 G(s,s) \mathrm{d}s}, \quad g^0 + \varepsilon_1 \leqslant \frac{1-M}{2 \displaystyle\int_0^1 G(s,s) \mathrm{d}s}.$$

令 $\Omega_1 = \{(x,y) \in P \times P, \ \| (x,y) \| < r\}$. 对任意 $(x,y) \in \partial\Omega_1 \cap P_0$ 有

$$\| A(x,y) \| \leqslant \frac{1}{1-M_\Phi} \int_0^1 G(s,s)\mathrm{d}s \cdot (f^0 + \varepsilon_1)(\| x \| + \| y \|),$$

$$\| B(x,y) \| \leqslant \frac{1}{1-M_\Psi} \int_0^1 G(s,s)\mathrm{d}s \cdot (g^0 + \varepsilon_1)(\| x \| + \| y \|).$$

从而,

$$\| T(x,y) \| \leqslant \frac{1}{1-M} \int_0^1 G(s,s)\mathrm{d}s \cdot (f^0 + \varepsilon_1 + g^0 + \varepsilon_1)\cdot \| (x,y) \|$$

$$\leqslant \| (x,y) \| . \tag{3.6}$$

另一方面, $f_\infty,\ g_\infty > \dfrac{(1-m)^2}{2\gamma_0^2(1-M)\displaystyle\int_0^1 G(s,s)\mathrm{d}s}$, 则存在一个 $R > r > 0$, 使得

$$\forall\, t \in [0,1], \quad | x | + | y | \geqslant R,$$

有

$$f(t,x,y) \geqslant (f_\infty - \varepsilon_2)(| x | + | y |),$$

$$g(t,x,y) \geqslant (g_\infty - \varepsilon_2)(| x | + | y |),$$

其中 ε_2 满足

$$f_\infty - \varepsilon_2 \geqslant \frac{(1-m)^2}{2\gamma_0^2(1-M)\displaystyle\int_0^1 G(s,s)\mathrm{d}s},$$

$$g_\infty - \varepsilon_2 \geqslant \frac{(1-m)^2}{2\gamma_0^2(1-M)\displaystyle\int_0^1 G(s,s)\mathrm{d}s}.$$

令 $\Omega_2 = \{(x,y) \in P \times P, \ \| (x,y) \| < R_1\}$, $R_1 = \dfrac{1-m}{(1-M)\gamma_0}R$. 对任意 $(x,y) \in \partial\Omega_2 \cap P_0$ 有

$$A(x,y) \geqslant \frac{\gamma_0}{1-m_\Phi} \int_0^1 G(s,s)\mathrm{d}s \cdot (f_\infty - \varepsilon_2)(| x | + | y |)$$

$$\geqslant \frac{\gamma_0}{1-m_\Phi} \int_0^1 G(s,s)\mathrm{d}s \cdot (f_\infty - \varepsilon_2) \cdot \frac{1-M}{1-m}\gamma_0 \| (x,y) \|,$$

$$B(x,y) \geqslant \frac{\gamma_0}{1-m_\Psi} \int_0^1 G(s,s)\mathrm{d}s \cdot (g_\infty - \varepsilon_2) \cdot \frac{1-M}{1-m}\gamma_0 \| (x,y) \| .$$

从而,

$$\| T(x,y) \| \geqslant \frac{\gamma_0^2(1-M)}{(1-m)^2} \int_0^1 G(s,s)\mathrm{d}s \cdot (f_\infty - \varepsilon_2 + g_\infty - \varepsilon_2) \cdot \| (x,y) \|$$
$$\geqslant \| (x,y) \| . \tag{3.7}$$

由 Krasnoselskii 不动点定理知, T 至少存在一个不动点 $(x^*,y^*) \in P_0 \cap (\overline{\Omega}_2 \backslash \Omega_1)$, 即边值问题 (3.1) 至少存在一个正解 (x^*,y^*). 证毕.

类似地, 有如下结论.

定理 3.1.2 假设 $(\mathrm{H}_0),(\mathrm{H}_1)$ 成立. 若

$$f^\infty, g^\infty < \frac{1-M}{2\displaystyle\int_0^1 G(s,s)\mathrm{d}s}, \quad f_0,g_0 > \frac{(1-m)^2}{2\gamma_0^2(1-M)\displaystyle\int_0^1 G(s,s)\mathrm{d}s},$$

则问题 (3.1) 至少存在一个正解.

证明 类似定理 3.1.1, 故略.

接下来, 我们将要证明问题 (3.1) 的多解性.

定理 3.1.3 假设 $(\mathrm{H}_0),(\mathrm{H}_1)$ 成立. 并且 f, g 满足

(i) f_0, $g_\infty > \dfrac{(1-m)^2}{\gamma_0^2(1-M)\displaystyle\int_0^1 G(s,s)\mathrm{d}s}$;

(ii) $\exists\, l > 0$, 使得

$$\max_{0 \leqslant t \leqslant 1, (x,y) \in \partial\Omega_l} f(t,x,y) < \frac{1-M}{2\displaystyle\int_0^1 G(s,s)\mathrm{d}s} l,$$

$$\max_{0 \leqslant t \leqslant 1, (x,y) \in \partial\Omega_l} g(t,x,y) < \frac{1-M}{2\displaystyle\int_0^1 G(s,s)\mathrm{d}s} l,$$

其中 $\Omega_l := \{(x,y) \in P \times P, \| (x,y) \| < l\}$, 则问题 (3.1) 至少存在两个正解.

证明 因为 $f_0 > \dfrac{(1-m)^2}{\gamma_0^2(1-M)\displaystyle\int_0^1 G(s,s)\mathrm{d}s}$, 则 $\exists\, l_1$, $0 < l_1 < l$, 使得

$$\forall\, t \in [0,1], \ | x | + | y | \leqslant l_1,$$

有

$$f(t,x,y) \geqslant (f_0 - \varepsilon_3)(| x | + | y |),$$

其中 $\varepsilon_3 > 0$ 满足

$$f_0 - \varepsilon_3 \geqslant \frac{(1-m)^2}{\gamma_0^2(1-M)\displaystyle\int_0^1 G(s,s)\mathrm{d}s}.$$

令 $\Omega_{l_1} = \{(x,y) \in P \times P, \| (x,y) \| < l_1\}$. 对任意 $(x,y) \in \partial\Omega_{l_1} \cap P_0$ 有

$$\begin{aligned}
\| T(x,y) \| &\geqslant A(x,y) \\
&\geqslant \frac{\gamma_0}{1-m_\Phi} \int_0^1 G(s,s)\mathrm{d}s \cdot (f_0 - \varepsilon_3)\left(\frac{1-M}{1-m}\gamma_0 \| (x,y) \|\right) \\
&\geqslant \| (x,y) \|.
\end{aligned} \tag{3.8}$$

又由于 $g_\infty \geqslant \dfrac{(1-m)^2}{\gamma_0^2(1-M)\displaystyle\int_0^1 G(s,s)\mathrm{d}s}$, 则 $\exists\, l_2 > l$, 使得

$$\forall\, t \in [0,1], \quad | x | + | y | \geqslant l_2,$$

有

$$g(t,x,y) \geqslant (g_\infty - \varepsilon_4)(| x | + | y |),$$

其中 $\varepsilon_4 > 0$ 满足

$$g_\infty - \varepsilon_4 \geqslant \frac{(1-m)^2}{\gamma_0^2(1-M)\displaystyle\int_0^1 G(s,s)\mathrm{d}s}.$$

令 $\Omega_{\tilde{l}_2} := \{(x,y) \in P \times P, \| (x,y) \| < \tilde{l}_2\}$, $\tilde{l}_2 = \dfrac{1-m}{(1-M)\gamma_0}l_2$. 对任意 $(x,y) \in \partial\Omega_{\tilde{l}_2} \cap P_0$ 有

$$\begin{aligned}
\| T(x,y) \| &\geqslant B(x,y) \\
&\geqslant \frac{\gamma_0}{1-m_\Psi} \int_0^1 G(s,s)\mathrm{d}s \cdot (g_\infty - \varepsilon_4)\left(\frac{1-M}{1-m}\gamma_0 \| (x,y) \|\right) \\
&\geqslant \| (x,y) \|.
\end{aligned} \tag{3.9}$$

再由 (ii) 知, 当 $(x,y) \in \partial\Omega_l \cap P_0$ 有

$$\begin{aligned}
\| T(x,y) \| &\leqslant \frac{1}{1-M_\Phi} \int_0^1 G(s,s)f(s,x(s),y(s))\mathrm{d}s \\
&\quad + \frac{1}{1-M_\Psi} \int_0^1 G(s,s)g(s,x(s),y(s))\mathrm{d}s
\end{aligned}$$

$$< \frac{1}{1-M} \int_0^1 G(s,s)\mathrm{d}s \cdot \frac{1-M}{\displaystyle\int_0^1 G(s,s)\mathrm{d}s} l = l. \tag{3.10}$$

因此, 由式 (3.8)—(3.10) 及 Krasnoselskii 不动点定理可得问题 (3.1) 至少存在两个正解 (x_1, y_1), $(x_2, y_2) \in P_0$, 且 $l_1 \leqslant \| (x_1, y_1) \| < l, l < \| (x_2, y_2) \| \leqslant \widetilde{l}_2$.

类似地, 有如下结论.

定理 3.1.4 假设 $(\mathrm{H}_0), (\mathrm{H}_1)$ 成立. 并且 f, g 满足

(i) $f_0, f_\infty > \dfrac{(1-m)^2}{\gamma_0^2 (1-M) \displaystyle\int_0^1 G(s,s)\mathrm{d}s}$,

  或 $g_0, f_\infty > \dfrac{(1-m)^2}{\gamma_0^2 (1-M) \displaystyle\int_0^1 G(s,s)\mathrm{d}s}$,

  或 $g_0, g_\infty > \dfrac{(1-m)^2}{\gamma_0^2 (1-M) \displaystyle\int_0^1 G(s,s)\mathrm{d}s}$;

(ii) $\exists\, l > 0$, 使得

$$\max_{0 \leqslant t \leqslant 1, (x,y) \in \partial\Omega_l} f(t,x,y) < \frac{1-M}{2 \displaystyle\int_0^1 G(s,s)\mathrm{d}s} l,$$

$$\max_{0 \leqslant t \leqslant 1, (x,y) \in \partial\Omega_l} g(t,x,y) < \frac{1-M}{2 \displaystyle\int_0^1 G(s,s)\mathrm{d}s} l,$$

其中 $\Omega_l := \{(x,y) \in P \times P, \| (x,y) \| < l\}$, 则问题 (3.1) 至少存在两个正解.

证明 类似定理 3.1.3, 故略.

3.2 具双耦合积分边值条件的二阶常微分方程组

本节研究具双耦合的积分边值问题

$$x''(t) = -f(t, x(t), y(t)), \qquad (t, x, y) \in (0,1) \times [0, +\infty) \times [0, +\infty),$$

$$y''(t) = -g(t, x(t), y(t)), \qquad (t, x, y) \in (0,1) \times [0, +\infty) \times [0, +\infty), \tag{3.11}$$

$$x(0) - ax'(0) = \int_0^1 \varphi_0(s) y(s)\mathrm{d}s, \quad x(1) + bx'(1) = \int_0^1 \varphi_1(s) y(s)\mathrm{d}s,$$

$$y(0) - ay'(0) = \int_0^1 \psi_0(s)x(s)\mathrm{d}s, \quad y(1) + by'(1) = \int_0^1 \psi_1(s)x(s)\mathrm{d}s$$

正解的存在性及多解性.

在弱耦合情形下, 两个方程关联性较弱, 仅是问题的平行叠加. 问题等价的积分方程组预解式的表示形式, 基本由文献 [62] 直接计算推广为二维形式. 但对于双耦合的情形, 两个方程关联性较强, 在将问题等价的积分方程组预解式的表示形式推广到二维形式时, 做了更多细致的计算与验证.

3.2.1　准备工作

首先, 我们求解问题 (3.11) 等价的积分方程组.

将方程 $x''(t) = -q_1(t)$ 两端从 0 到 t 进行积分, 得

$$x'(t) - x'(0) = -\int_0^t q_1(s)\mathrm{d}s,$$

再对上式两端从 0 到 t 进行积分, 得

$$x(t) - x(0) = tx'(0) - \int_0^t \int_0^r q_1(s)\mathrm{d}s\mathrm{d}r.$$

由边值条件 $x(0) - ax'(0) = \int_0^1 \varphi_0(s)y(s)\mathrm{d}s$, 解得 $x'(0) = \dfrac{1}{a}\left[x(0) - \int_0^1 \varphi_0(s)y(s)\mathrm{d}s\right]$, 代入上式整理得

$$x(t) = \frac{a+t}{a}x(0) - \frac{t}{a}\int_0^1 \varphi_0(s)y(s)\mathrm{d}s - \int_0^t \int_0^r q_1(s)\mathrm{d}s\mathrm{d}r.$$

令 $t = 1$, 得

$$x(1) = \frac{a+1}{a}x(0) - \frac{1}{a}\int_0^1 \varphi_0(s)y(s)\mathrm{d}s - \int_0^1 \int_0^r q_1(s)\mathrm{d}s\mathrm{d}r,$$

$$x'(1) = \frac{1}{a}\left[x(0) - \int_0^1 \varphi_0(s)y(s)\mathrm{d}s\right] - \int_0^1 q_1(s)\mathrm{d}s.$$

根据边值条件 $x(1) + bx'(1) = \int_0^1 \varphi_1(s)y(s)\mathrm{d}s$, 解得

$$x(0) = \frac{a}{1+a+b}\int_0^1 \varphi_1(s)y(s)\mathrm{d}s + \frac{1+b}{1+a+b}\int_0^1 \varphi_0(s)y(s)\mathrm{d}s$$

$$+ \frac{a}{1+a+b}\int_0^1 \int_0^r q_1(s)\mathrm{d}s\mathrm{d}r + \frac{ab}{1+a+b}\int_0^1 q_1(s)\mathrm{d}s.$$

将 $x(0)$ 代入到 $x(t)$ 中整理得

$$x(t) = \frac{a+t}{1+a+b} \int_0^1 \varphi_1(s)y(s)\mathrm{d}s + \frac{1+b-t}{1+a+b} \int_0^1 \varphi_0(s)y(s)\mathrm{d}s$$
$$+ \frac{a+t}{1+a+b} \int_0^1 \int_0^r q_1(s)\mathrm{d}s\mathrm{d}r + \frac{b(a+t)}{1+a+b} \int_0^1 q_1(s)\mathrm{d}s$$
$$- \int_0^t \int_0^r q_1(s)\mathrm{d}s\mathrm{d}r.$$

经过积分换序得到

$$x(t) = \frac{a+t}{1+a+b} \int_0^1 \varphi_1(s)y(s)\mathrm{d}s + \frac{1+b-t}{1+a+b} \int_0^1 \varphi_0(s)y(s)\mathrm{d}s$$
$$+ \frac{a+t}{1+a+b} \int_0^1 (1-s)q_1(s)\mathrm{d}s + \frac{b(a+t)}{1+a+b} \int_0^1 q_1(s)\mathrm{d}s$$
$$- \int_0^t (t-s)q_1(s)\mathrm{d}s.$$

进而有

$$x(t) = \frac{a+t}{1+a+b} \int_0^1 \varphi_1(s)y(s)\mathrm{d}s + \frac{1+b-t}{1+a+b} \int_0^1 \varphi_0(s)y(s)\mathrm{d}s$$
$$+ \int_0^t \frac{(a+s)(1+b-t)}{1+a+b} q_1(s)\mathrm{d}s + \int_t^1 \frac{(1+b-s)(a+t)}{1+a+b} q_1(s)\mathrm{d}s.$$

类似地, 计算得

$$y(t) = \frac{a+t}{1+a+b} \int_0^1 \psi_1(s)x(s)\mathrm{d}s + \frac{1+b-t}{1+a+b} \int_0^1 \psi_0(s)x(s)\mathrm{d}s$$
$$+ \int_0^t \frac{(a+s)(1+b-t)}{1+a+b} q_2(s)\mathrm{d}s + \int_t^1 \frac{(1+b-s)(a+t)}{1+a+b} q_2(s)\mathrm{d}s.$$

这样问题 (3.11) 的解 $(x,y) \in C^2(0,1) \times C^2(0,1)$ 等价于下面积分方程组的解 $(x,y) \in C([0,1]) \times C([0,1])$,

$$x(t) = \int_0^1 G(t,s)f(s,x(s),y(s))\mathrm{d}s + \frac{1+b-t}{1+a+b} \int_0^1 \varphi_0(s)y(s)\mathrm{d}s$$
$$+ \frac{a+t}{1+a+b} \int_0^1 \varphi_1(s)y(s)\mathrm{d}s, \quad t \in [0,1], \tag{3.12}$$
$$y(t) = \int_0^1 G(t,s)g(s,x(s),y(s))\mathrm{d}s + \frac{1+b-t}{1+a+b} \int_0^1 \psi_0(s)x(s)\mathrm{d}s$$
$$+ \frac{a+t}{1+a+b} \int_0^1 \psi_1(s)x(s)\mathrm{d}s, \quad t \in [0,1],$$

其中 $G(t,s)$, $k_1(t)$, $k_2(t)$ 同上节的定义, 并且也具有性质 3.1.1 和性质 3.1.2.

定义算子 A, $B : C([0,1]) \times C([0,1]) \longrightarrow C([0,1])$ 为

$$A(x,y)(t) = \int_0^1 G(t,s)f(s,x(s),y(s))\mathrm{d}s + \int_0^1 \Phi(t,s)y(s)\mathrm{d}s,$$

$$B(x,y)(t) = \int_0^1 G(t,s)g(s,x(s),y(s))\mathrm{d}s + \int_0^1 \Psi(t,s)x(s)\mathrm{d}s.$$

并定义算子 $T : C([0,1]) \times C([0,1]) \longrightarrow C([0,1]) \times C([0,1])$ 为

$$
\begin{aligned}
(Tz)(t) &= \int_0^1 H(t,s)F(s,x(s),y(s))\mathrm{d}s + \int_0^1 K(t,s)z(s)\mathrm{d}s \\
&= \begin{pmatrix} A(x,y)(t) \\ B(x,y)(t) \end{pmatrix},
\end{aligned}
\tag{3.13}
$$

其中

$$z(t) = \begin{pmatrix} x(t) \\ y(t) \end{pmatrix}, \quad (x,y) \in C[0,1] \times C[0,1],$$

$$H(t,s) = \begin{pmatrix} G(t,s) & 0 \\ 0 & G(t,s) \end{pmatrix},$$

$$F(s,x(s),y(s)) = \begin{pmatrix} f(s,x(s),y(s)) \\ g(s,x(s),y(s)) \end{pmatrix},$$

$$K(t,s) = \begin{pmatrix} 0 & \Phi(t,s) \\ \Psi(t,s) & 0 \end{pmatrix}.$$

这样, 问题 (3.11) 的解等价于算子 T 在 $C([0,1]) \times C([0,1])$ 上的不动点.

为证明问题 (3.11) 解的存在性还需以下引理.

引理 3.2.1　假设 $(H_0), (H_1)$ 成立, 则 T 是 $C([0,1]) \times C([0,1]) \longrightarrow C([0,1]) \times C([0,1])$ 的全连续算子.

证明 设 D 是 $C([0,1]) \times C([0,1])$ 中任意的有界集, 则存在 $\overline{M} > 0$, 对任意的 $z \in D$, 有 $\| z \|=\| x \| + \| y \|\leqslant \overline{M}$. 当 $z \in D$ 时, 由 (H_0), (H_1) 及性质 3.1.2 可得

$$\| A(x,y) \| = \max_{0\leqslant t\leqslant 1} \left| \int_0^1 G(t,s)f(s,x(s),y(s))\mathrm{d}s + \int_0^1 \Phi(t,s)y(s)\mathrm{d}s \right|$$

$$\leqslant L \int_0^1 | G(s,s) | \,\mathrm{d}s + M_\Phi\overline{M} < +\infty,$$

其中 $L = \max\{f(t,x,y) : 0 \leqslant t \leqslant 1, | x |\leqslant \overline{M}, | y |\leqslant \overline{M}\} + \max\{g(t,x,y) : 0 \leqslant t \leqslant 1, | x |\leqslant \overline{M}, | y |\leqslant \overline{M}\}$.

同理可得

$$\| B(x,y) \|\leqslant L \int_0^1 | G(s,s) | \,\mathrm{d}s + M_\Psi\overline{M} < +\infty.$$

再由空间 $C([0,1]) \times C([0,1])$ 范数的定义知,

$$\| T(z) \| =\| A(x,y) \| + \| B(x,y) \|$$

$$\leqslant 2L \int_0^1 | G(s,s) | \,\mathrm{d}s + (M_\Phi + M_\Psi)\overline{M} < +\infty.$$

从而, $T(D)$ 在 $C([0,1]) \times C([0,1])$ 上是一致有界的.

此外, $\forall\, t \in (0,1)$, 有

$$| A'(x,y)(t) |=\left| \left(\int_0^t G(t,s)f(s,x(s),y(s))\mathrm{d}s + \int_t^1 G(t,s)f(s,x(s),y(s))\mathrm{d}s \right)' \right.$$

$$\left. - \frac{1}{1+a+b} \int_0^1 \varphi_0(s)y(s)\mathrm{d}s + \frac{1}{1+a+b} \int_0^1 \varphi_1(s)y(s)\mathrm{d}s \right|$$

$$=\left| \frac{1}{1+a+b} \left[-\int_0^1 sf(s,x(s),y(s))\mathrm{d}s - a\int_0^t f(s,x(s),y(s))\mathrm{d}s \right. \right.$$

$$\left. \left. +(b+1)\int_t^1 f(s,x(s),y(s))\mathrm{d}s - \int_0^1 \varphi_0(s)y(s)\mathrm{d}s + \int_0^1 \varphi_1(s)y(s)\mathrm{d}s \right] \right|$$

$$\leqslant\frac{1}{1+a+b}[(2+a+b)L + 2\overline{K}\,\overline{M}] < +\infty,$$

其中

$$\overline{K} =\max\{\varphi_0(t) : 0 \leqslant t \leqslant 1\} + \max\{\varphi_1(t) : 0 \leqslant t \leqslant 1\}$$

$$+ \max\{\psi_0(t) : 0 \leqslant t \leqslant 1\} + \max\{\psi_1(t) : 0 \leqslant t \leqslant 1\}.$$

可见 $A(D)$ 是等度连续的. 再由 Ascoli-Arzelà 定理知, $A(D)$ 在 $C([0,1])$ 上是相对紧的.

类似可证 $B(D)$ 在 $C([0,1])$ 上也是相对紧的. 这样, $T(D)$ 在 $C([0,1]) \times C([0,1])$ 上是相对紧的. 再由 T 的定义知, T 是连续的, 所以 T 是全连续算子. 证毕.

令

$$E = C([0,1]) \times C([0,1]),$$

$$P = \{u \in C([0,1]),\ u(t) \geqslant 0,\ t \in [0,1]\},$$

$$P_0 = \left\{(u,v) \in P \times P,\ \min_{0 \leqslant t \leqslant 1}\{(u,v)\} = \min_{0 \leqslant t \leqslant 1}\{u(t)+v(t)\} \geqslant \frac{1-M}{1-m}\gamma_0 \parallel (u,v) \parallel \right\},$$

其中

$$M = \max\{M_\Phi, M_\Psi\}, \qquad m = \min\{m_\Phi, m_\Psi\}.$$

易证, P_0 是 E 上一个锥.

引理 3.2.2　假设 $(H_0), (H_1)$ 成立, 则 T 是 $P_0 \longrightarrow P_0$ 的全连续算子.

证明　由引理 3.2.1 知, 只需证明 $T(P_0) \subset P_0$.

定义算子 $N : C[0,1] \times C[0,1] \longrightarrow C[0,1] \times C[0,1]$ 为

$$N(z)(t) = \int_0^1 K(t,s)z(s)\mathrm{d}s,$$

则有 $N(P \times P) \subset P \times P$.

因为

$$\parallel Nz(t) \parallel = \max_{0 \leqslant t \leqslant 1}\left|\int_0^1 \Phi(t,s)y(s)\mathrm{d}s\right| + \max_{0 \leqslant t \leqslant 1}\left|\int_0^1 \Psi(t,s)x(s)\mathrm{d}s\right|$$

$$\leqslant \max\{M_\Phi, M_\Psi\} \parallel z \parallel,$$

显然, $\parallel N \parallel \leqslant \max\{M_\Phi, M_\Psi\} < 1$, 所以 $I - N$ 可逆.

类似于文献 [62] 中引理 3, 有

$$Tz(t) = \int_0^1 H(t,s)F(s,x(s),y(s))\mathrm{d}s$$

$$+ \int_0^1 R(t,s)\int_0^1 H(s,\tau)F(\tau,x(\tau),y(\tau))\mathrm{d}\tau\mathrm{d}s,$$

其中预解式

$$R(t,s) = \sum_{j=1}^{\infty} K_j(t,s), \quad K_j(t,s) = \int_0^1 K(t,\tau)K_{j-1}(\tau,s)\mathrm{d}\tau,$$

$j = 2,3,\cdots, K_1(t,s) = K(t,s)$.

令

$$R(t,s) = \left(\begin{array}{cc} R_1(t,s) & R_2(t,s) \\ R_3(t,s) & R_4(t,s) \end{array} \right),$$

其中

$$R_1(t,s) = \int_0^1 \Phi(t,\tau)\Psi(\tau,s)\mathrm{d}\tau$$
$$+ \int_0^1 \Phi(t,\tau) \int_0^1 \Psi(\tau,\tau_2) \int_0^1 \Phi(\tau_2,\tau_1)\Psi(\tau_1,s)\mathrm{d}\tau_1\mathrm{d}\tau_2\mathrm{d}\tau + \cdots,$$

$$R_2(t,s) = \Phi(t,s) + \int_0^1 \Phi(t,\tau) \int_0^1 \Phi(\tau_1,s)\Psi(\tau,\tau_1)\mathrm{d}\tau_1\mathrm{d}\tau + \cdots,$$

$$R_3(t,s) = \Psi(t,s) + \int_0^1 \Psi(t,\tau) \int_0^1 \Phi(\tau,\tau_1)\Psi(\tau_1,s)\mathrm{d}\tau_1\mathrm{d}\tau + \cdots,$$

$$R_4(t,s) = \int_0^1 \Phi(\tau,s)\Psi(t,\tau)\mathrm{d}\tau$$
$$+ \int_0^1 \Psi(t,\tau) \int_0^1 \Phi(\tau,\tau_2) \int_0^1 \Phi(\tau_1,s)\Psi(\tau_2,\tau_1)\mathrm{d}\tau_1\mathrm{d}\tau_2\mathrm{d}\tau + \cdots.$$

经计算可得

$$\frac{m^2}{1-m^2} \leqslant R_1(t,s), R_4(t,s) \leqslant \frac{M^2}{1-M^2},$$
$$\frac{m}{1-m^2} \leqslant R_2(t,s), R_3(t,s) \leqslant \frac{M}{1-M^2}.$$

由性质 3.1.1、性质 3.1.2 及 (H_1) 可得

$$\parallel Tz(t) \parallel \leqslant \frac{1}{1-M} \left[\int_0^1 G(\tau,\tau)f(\tau,x(\tau),y(\tau))\mathrm{d}\tau \right.$$
$$\left. + \int_0^1 G(\tau,\tau)g(\tau,x(\tau),y(\tau))\mathrm{d}\tau \right],$$

$$\min_{0\leqslant t\leqslant 1} Tz(t) \geqslant \frac{\gamma_0}{1-m} \left[\int_0^1 G(\tau,\tau)f(\tau,x(\tau),y(\tau))\mathrm{d}\tau \right.$$
$$\left. + \int_0^1 G(\tau,\tau)g(\tau,x(\tau),y(\tau))\mathrm{d}\tau \right].$$

从而,

$$\min_{0 \leqslant t \leqslant 1} Tz(t) \geqslant \frac{1-M}{1-m} \gamma_0 \parallel Tz(t) \parallel.$$

因此, $T(P_0) \subset P_0$. 证毕.

3.2.2　主要结果

这部分将要证明问题 (3.11) 正解的存在性. 记号 f_β, f^β, g_β, g^β 同上节定义.

定理 3.2.1　假设 $(H_0), (H_1)$ 成立. 若

$$f^0, g^0 < \frac{1-M}{2 \displaystyle\int_0^1 G(s,s)\mathrm{d}s}, \quad f_\infty, g_\infty > \frac{(1-m)^2}{2\gamma_0^2(1-M) \displaystyle\int_0^1 G(s,s)\mathrm{d}s},$$

则问题 (3.11) 至少存在一个正解.

证明　类似定理 3.1.1, 故略.

类似地, 有如下定理.

定理 3.2.2　假设 $(H_0), (H_1)$ 成立. 若

$$f^\infty, g^\infty < \frac{1-M}{2 \displaystyle\int_0^1 G(s,s)\mathrm{d}s}, \quad f_0, g_0 > \frac{(1-m)^2}{2\gamma_0^2(1-M) \displaystyle\int_0^1 G(s,s)\mathrm{d}s},$$

则问题 (3.11) 至少存在一个正解.

证明　因为 $f^\infty, g^\infty < \dfrac{1-M}{2 \displaystyle\int_0^1 G(s,s)\mathrm{d}s}$, 所以存在一个 $R > 0$, 使得

$$\forall\, t \in [0,1], \quad |\,x\,| + |\,y\,| \geqslant R,$$

有

$$f(t,x,y) \leqslant (f^\infty + \varepsilon_1) \cdot (|\,x\,| + |\,y\,|),$$

$$g(t,x,y) \leqslant (g^\infty + \varepsilon_1) \cdot (|\,x\,| + |\,y\,|),$$

其中 ε_1 满足

$$f^\infty + \varepsilon_1 \leqslant \frac{1-M}{2 \displaystyle\int_0^1 G(s,s)\mathrm{d}s}, \quad g^\infty + \varepsilon_1 \leqslant \frac{1-M}{2 \displaystyle\int_0^1 G(s,s)\mathrm{d}s}.$$

令 $\Omega_1 = \{(x,y) \in P \times P, \parallel (x,y) \parallel < R\}$. 对任意 $z = (x,y) \in \partial\Omega_1 \cap P_0$ 有

$$\parallel Tz \parallel \leqslant \frac{1}{1-M} \int_0^1 G(s,s)\mathrm{d}s \cdot (f^0 + \varepsilon_1 + g^0 + \varepsilon_1) \cdot \parallel (x,y) \parallel$$

$$\leqslant \parallel z \parallel. \tag{3.14}$$

另一方面, f_0, $g_0 > \dfrac{(1-m)^2}{2\gamma_0^2(1-M)\displaystyle\int_0^1 G(s,s)\mathrm{d}s}$, 则存在一个 $r > 0$, 且 $r < R$, 使得

$$\forall\, t \in [0,1], \quad |x| + |y| \leqslant r,$$

有

$$f(t,x,y) \geqslant (f_0 - \varepsilon_2)(|x| + |y|),$$

$$g(t,x,y) \geqslant (g_0 - \varepsilon_2)(|x| + |y|),$$

其中 ε_2 满足

$$f_0 - \varepsilon_2 \geqslant \frac{(1-m)^2}{2\gamma_0^2(1-M)\displaystyle\int_0^1 G(s,s)\mathrm{d}s},$$

$$g_0 - \varepsilon_2 \geqslant \frac{(1-m)^2}{2\gamma_0^2(1-M)\displaystyle\int_0^1 G(s,s)\mathrm{d}s}.$$

令 $\Omega_2 = \{(x,y) \in P \times P, \parallel (x,y) \parallel < r\}$. 对任意 $z = (x,y) \in \partial\Omega_2 \cap P_0$ 有

$$\parallel Tz(t) \parallel \geqslant \min_{0 \leqslant t \leqslant 1} Tz(t)$$

$$\geqslant \frac{\gamma_0^2(1-M)}{(1-m)^2} \int_0^1 G(s,s)\mathrm{d}s \cdot (f_\infty - \varepsilon_2 + g_\infty - \varepsilon_2) \cdot \parallel z \parallel$$

$$\geqslant \parallel z \parallel. \tag{3.15}$$

应用 Krasnoselskii 不动点定理得, T 至少存在一个不动点 $z^* \in P_0 \cap (\overline{\Omega}_1 \setminus \Omega_2)$, 即边值问题 (3.11) 至少存在一个正解 z^*. 证毕.

定理 3.2.3　假设 $(H_0), (H_1)$ 成立. 并且 f, g 满足

(i) f_0, $g_\infty > \dfrac{(1-m)^2}{\gamma_0^2(1-M)\displaystyle\int_0^1 G(s,s)\mathrm{d}s}$;

(ii) $\exists\, l > 0$, 使得

$$\max_{0 \leqslant t \leqslant 1,(x,y) \in \partial\Omega_l} f(t,x,y) < \frac{1-M}{2 \displaystyle\int_0^1 G(s,s)\mathrm{d}s} l,$$

$$\max_{0 \leqslant t \leqslant 1,(x,y) \in \partial\Omega_l} g(t,x,y) < \frac{1-M}{2 \displaystyle\int_0^1 G(s,s)\mathrm{d}s} l,$$

其中 $\Omega_l := \{(x,y) \in P \times P, \| (x,y) \| < l\}$, 则问题 (3.11) 至少存在两个正解.

证明　类似定理 3.1.3, 故略.

类似地, 有如下定理.

定理 3.2.4　假设 $(\mathrm{H}_0), (\mathrm{H}_1)$ 成立. 并且 f, g 满足

(i) $f_0,\ f_\infty > \dfrac{(1-m)^2}{\gamma_0^2(1-M)\displaystyle\int_0^1 G(s,s)\mathrm{d}s},$

　　或 $g_0,\ f_\infty > \dfrac{(1-m)^2}{\gamma_0^2(1-M)\displaystyle\int_0^1 G(s,s)\mathrm{d}s},$

　　或 $g_0,\ g_\infty > \dfrac{(1-m)^2}{\gamma_0^2(1-M)\displaystyle\int_0^1 G(s,s)\mathrm{d}s};$

(ii) $\exists\, l > 0$, 使得

$$\max_{0 \leqslant t \leqslant 1,(x,y) \in \partial\Omega_l} f(t,x,y) < \frac{1-M}{2 \displaystyle\int_0^1 G(s,s)\mathrm{d}s} l,$$

$$\max_{0 \leqslant t \leqslant 1,(x,y) \in \partial\Omega_l} g(t,x,y) < \frac{1-M}{2 \displaystyle\int_0^1 G(s,s)\mathrm{d}s} l,$$

其中 $\Omega_l := \{(x,y) \in P \times P, \| (x,y) \| < l\}$, 则问题 (3.11) 至少存在两个正解.

证明　因为 $f_0 > \dfrac{(1-m)^2}{\gamma_0^2(1-M)\displaystyle\int_0^1 G(s,s)\mathrm{d}s}$, 则 $\exists\, l_1,\ 0 < l_1 < l$, 使得

$$\forall\, t \in [0,1], \quad | \, x \, | + | \, y \, | \leqslant l_1,$$

有

$$f(t,x,y) \geqslant (f_0 - \varepsilon_3)(| \, x \, | + | \, y \, |),$$

其中 $\varepsilon_3 > 0$ 满足

$$f_0 - \varepsilon_3 \geqslant \frac{(1-m)^2}{\gamma_0^2(1-M)\displaystyle\int_0^1 G(s,s)\mathrm{d}s}.$$

令 $\Omega_{l_1} = \{(x,y) \in P \times P, \parallel (x,y) \parallel < l_1\}$. 对任意 $(x,y) \in \partial\Omega_{l_1} \cap P_0$ 有

$$\begin{aligned}
\parallel Tz \parallel &\geqslant \frac{\gamma_0}{1-m}\int_0^1 G(s,s)\mathrm{d}s \cdot (f_0 - \varepsilon_3)\left(\frac{1-M}{1-m}\gamma_0 \parallel z \parallel\right) \\
&\geqslant \parallel z \parallel.
\end{aligned} \tag{3.16}$$

又由于 $f_\infty \geqslant \dfrac{(1-m)^2}{\gamma_0^2(1-M)\displaystyle\int_0^1 G(s,s)\mathrm{d}s}$, 则 $\exists\, l_2 > l$, 使得

$$\forall\, t \in [0,1], \quad \mid x \mid + \mid y \mid \geqslant l_2,$$

有

$$f(t,x,y) \geqslant (f_\infty - \varepsilon_4)(\mid x \mid + \mid y \mid),$$

其中 $\varepsilon_4 > 0$ 满足

$$f_\infty - \varepsilon_4 \geqslant \frac{(1-m)^2}{\gamma_0^2(1-M)\displaystyle\int_0^1 G(s,s)\mathrm{d}s}.$$

令 $\Omega_{\tilde{l}_2} := \{(x,y) \in P \times P, \parallel (x,y) \parallel < \tilde{l}_2\}, \tilde{l}_2 = \dfrac{1-m}{(1-M)\gamma_0}l_2$. 对任意 $(x,y) \in \partial\Omega_{\tilde{l}_2} \cap P_0$ 有

$$\begin{aligned}
\parallel Tz \parallel &\geqslant \frac{\gamma_0}{1-m}\int_0^1 G(s,s)\mathrm{d}s \cdot (g_\infty - \varepsilon_4)\left(\frac{1-M}{1-m}\gamma_0 \parallel z \parallel\right) \\
&\geqslant \parallel z \parallel.
\end{aligned} \tag{3.17}$$

再由 (ii) 知, 当 $z = (x,y) \in \partial\Omega_l \cap P_0$ 有

$$\begin{aligned}
\parallel Tz(t) \parallel &\leqslant \frac{1}{1-M}\left[\int_0^1 G(\tau,\tau)f(\tau,x(\tau),y(\tau))\mathrm{d}\tau \right.\\
&\quad \left. + \int_0^1 G(\tau,\tau)g(\tau,x(\tau),y(\tau))\mathrm{d}\tau\right] \\
&< \frac{1}{1-M}\int_0^1 G(s,s)\mathrm{d}s \cdot \frac{1-M}{\displaystyle\int_0^1 G(s,s)\mathrm{d}s}l = l.
\end{aligned} \tag{3.18}$$

因此, 由式 (3.16)—(3.18) 及 Krasnoselskii 不动点定理可得, 问题 (3.1) 至少存在两个正解 z_1, z_2, 且 $l_1 \leqslant \| z_1 \| < l$, $l < \| z_2 \| \leqslant \widetilde{l}_2$.

其他情况类似可证. 证毕.

例 3.2.1　令 $f(t,x,y) = \sqrt{\dfrac{1+t}{8}}(x^2+y^2)$, $g(t,x,y) = \sqrt{1-\dfrac{t}{4}}[(x^2+y^2)^2 + (x^2+y^2)\mathrm{e}^{-(x^2+y^2)}]$, $a=1$, $b=1$, $\varphi_i = \psi_i = \dfrac{1}{3}$, $i=0,1$. 则经计算得

$$\int_0^1 G(s,s)\mathrm{d}s = \frac{13}{6}, \qquad \gamma_0 = \frac{1}{6}, \quad M = m = \frac{1}{3},$$

$$\frac{1-M}{2\displaystyle\int_0^1 G(s,s)\mathrm{d}s} = \frac{2}{13}, \quad \frac{(1-m)^2}{2\gamma_0^2(1-M)\displaystyle\int_0^1 G(s,s)\mathrm{d}s} = \frac{72}{13}.$$

容易验证满足定理 3.2.1 的条件, 所以问题 (3.11) 至少存在一个正解.

例 3.2.2　令 $f(t,x,y) = \sqrt{\dfrac{1+t}{32}} \cdot \sqrt[3]{x^2+y^2}$, $g(t,x,y) = \dfrac{2-t}{208}(x^2+y^2)(1 + \mathrm{e}^{-(x^2+y^2)})$, $a=1$, $b=1$, $l=6$, $\varphi_i = \psi_i = \dfrac{1}{3}$, $i=0,1$. 则经计算得

$$\int_0^1 G(s,s)\mathrm{d}s = \frac{13}{6}, \qquad \gamma_0 = \frac{1}{6}, \quad M = m = \frac{1}{3},$$

$$\frac{1-M}{2\displaystyle\int_0^1 G(s,s)\mathrm{d}s} = \frac{2}{13}, \quad \frac{(1-m)^2}{\gamma_0^2(1-M)\displaystyle\int_0^1 G(s,s)\mathrm{d}s} = \frac{144}{13}.$$

容易验证满足定理 3.2.3 的条件, 所以问题 (3.11) 至少存在两个正解.

3.3　本章小结和后续工作

在本章中着重讨论了在积分边值条件下二阶耦合常微分方程解的存在性和多解的存在性. 通过选取合适的解空间, 利用 Krasnoselskii 不动点定理获得了解的存在性和多解的存在性. 而在本章所研究的问题 (3.1) 和 (3.11) 中非线性项 $f(t,x,y)$, $g(t,x,y)$ 限定的条件比较强, 我们可以尝试减弱 f, g 的限制. 同时也可以考虑参数 a, b 对方程解的影响, 以及解对参数 a, b 的依赖性. 再者, 当加权函数 φ_i, $\psi_i(i = 0,1)$ 在区间 $[0,1]$ 上的值不符合其限定条件时, 所讨论问题的解是否存在, 留给读者思考.

另外, 是否相同的结论对拟线性耦合方程也成立? 即

$$(|x'|^{p-1}x')' = -f(t, x(t), y(t)), \qquad (t, x, y) \in (0, 1) \times [0, +\infty) \times [0, +\infty),$$

$$(|y'|^{p-1}y')' = -g(t, x(t), y(t)), \qquad (t, x, y) \in (0, 1) \times [0, +\infty) \times [0, +\infty),$$

$$x(0) - ax'(0) = \int_0^1 \varphi_0(s)y(s)\mathrm{d}s, \quad x(1) + bx'(1) = \int_0^1 \varphi_1(s)y(s)\mathrm{d}s,$$

$$y(0) - ay'(0) = \int_0^1 \psi_0(s)x(s)\mathrm{d}s, \quad y(1) + by'(1) = \int_0^1 \psi_1(s)x(s)\mathrm{d}s.$$

上述问题是否对 f, g 在零点和无穷大处加一些限制性条件, 也能获得正解的存在性和多解的存在性. 这是一个值得研究的课题.

第4章　四阶常微分方程 (组) 解的存在性

本章研究四阶常微分方程及方程组问题, 主要利用上下解方法和不动点定理来论证其解的存在性、多解性. 上下解方法运用的关键是如何定义所研究问题的上下解, 不动点定理运用的关键是如何构造适合所研究问题的锥. 由于本章所讨论的四阶常微分方程 (组) 非线性项都是依赖未知函数的低阶导数, 所以在构造的过程中会遇到一些困难, 通过改进文献 [44] 的技巧, 得以克服.

4.1　具单边 Nagumo 条件的四阶常微分方程边值问题

本节研究四阶非线性方程

$$u^{(4)}(t) = f(t, u(t), u'(t), u''(t), u'''(t)), \quad 0 < t < 1, \tag{4.1}$$

在边值条件

$$\begin{aligned} &u(0) = u(1) = 0, \\ &au''(0) - bu'''(0) = A, \\ &cu''(1) + du'''(1) = B \end{aligned} \tag{4.2}$$

下解的存在性. 这里 $f : [0,1] \times \mathbb{R}^4 \longrightarrow \mathbb{R}$, $a, b, c, d \in \mathbb{R}^+ = (0, +\infty)$, $A, B \in \mathbb{R}$.

通过本节的研究, 使读者更加详尽掌握上下解方法的基本思想.

4.1.1　准备工作

首先, 我们给出上下解定义以及证明所需要的一个先验估计.

定义 4.1.1　设函数 $\alpha, \beta \in C^4(0,1) \cap C^3([0,1])$ 满足

$$\alpha''(t) \leqslant \beta''(t), \quad \forall t \in [0,1], \tag{4.3}$$

称 $\beta(t), \alpha(t)$ 为问题 (4.1), (4.2) 的一对上下解, 若以下条件成立:

(i) $\alpha^{(4)}(t) \geqslant f(t, \alpha(t), \alpha'(t), \alpha''(t), \alpha'''(t))$,

$\quad \beta^{(4)}(t) \leqslant f(t, \beta(t), \beta'(t), \beta''(t), \beta'''(t))$;

(ii) $\alpha(0) \leqslant 0$, $\quad \alpha(1) \leqslant 0$, $\quad a\alpha''(0) - b\alpha'''(0) \leqslant A$, $\quad c\alpha''(1) + d\alpha'''(1) \leqslant B$,

$\quad \beta(0) \geqslant 0$, $\quad \beta(1) \geqslant 0$, $\quad a\beta''(0) - b\beta'''(0) \geqslant A$, $\quad c\beta''(1) + d\beta'''(1) \geqslant B$;

(iii) $\alpha'(0) - \beta'(0) \leqslant \min\{\beta(0) - \beta(1), \alpha(1) - \alpha(0), 0\}$.

注意到, 由式 (4.3) 和条件 (iii) 计算可得

$$\alpha(t) \leqslant \beta(t), \quad \alpha'(t) \leqslant \beta'(t), \quad \forall\, t \in [0, 1].$$

可见, 上下解本身以及相应的一阶导也具有良好的序关系.

定义 4.1.2　给定一个集合 $E \subset [0,1] \times \mathbb{R}^4$, 称连续函数 $f : E \longrightarrow \mathbb{R}$ 在 E 上满足单边 Nagumo 条件, 若存在一个实值连续函数 $h_E : \mathbb{R}_0^+ \longrightarrow [k, +\infty)$, $k > 0$, 使得

$$f(t, x_0, x_1, x_2, x_3) \leqslant h_E(|x_3|), \quad \forall\, (t, x_0, x_1, x_2, x_3) \in E, \tag{4.4}$$

且

$$\int_0^{+\infty} \frac{s}{h_E(s)} \mathrm{d}s = +\infty. \tag{4.5}$$

引理 4.1.1　令 $\Gamma_i(t)$, $\gamma_i(t) \in C([0,1], \mathbb{R})$ 满足

$$\Gamma_i(t) \geqslant \gamma_i(t), \quad \forall\, t \in [0, 1], \quad i = 0, 1, 2.$$

考虑集合

$$E = \{(t, x_0, x_1, x_2, x_3) \in [0,1] \times \mathbb{R}^4 : \gamma_i(t) \leqslant x_i \leqslant \Gamma_i(t), \quad i = 0, 1, 2\}.$$

设 $f : [0,1] \times \mathbb{R}^4 \longrightarrow \mathbb{R}$ 是在集合 E 上满足单边 Nagumo 条件的连续函数. 则对每个 $\rho > 0$, 存在一个 $R > 0$, 使得满足

$$u'''(0) \leqslant \rho, \quad u'''(1) \geqslant -\rho \tag{4.6}$$

和

$$\gamma_i(t) \leqslant u^{(i)}(t) \leqslant \Gamma_i(t), \quad i = 0, 1, 2, \quad t \in [0, 1] \tag{4.7}$$

的问题 (4.1), (4.2) 每一个解 $u(t)$, 都有 $\|u'''\|_\infty < R$.

证明　假设 u 是满足 (4.6) 和 (4.7) 问题 (4.1), (4.2) 的一个解. 定义

$$\eta := \max\{\Gamma_2(1) - \gamma_2(0), \Gamma_2(0) - \gamma_2(1)\}.$$

假设 $\rho \geqslant \eta$, 对任意的 $t \in (0,1)$, 都有 $\mid u'''(t) \mid > \rho$. 如果对任意的 $t \in (0,1)$, 有 $u'''(t) > \rho$, 则可推出下面的矛盾:

$$\begin{aligned}
\Gamma_2(1) - \gamma_2(0) &\geqslant u''(1) - u''(0) \\
&= \int_0^1 u'''(t)\mathrm{d}t \\
&> \int_0^1 \rho\mathrm{d}t \\
&\geqslant \Gamma_2(1) - \gamma_2(0).
\end{aligned}$$

对于任意的 $t \in (0,1)$, $u'''(t) < -\rho$ 的情形也可得到类似的矛盾. 因此, 存在一点 $\tilde{t} \in (0,1)$, 使得 $|u'''(\tilde{t})| \leqslant \rho$. 由式 (4.5) 可以选取 $R_1 > \rho$, 使得

$$\int_\rho^{R_1} \frac{s}{h_E(s)}\mathrm{d}s > \max_{t \in [0,1]} \Gamma_2(t) - \min_{t \in [0,1]} \gamma_2(t). \tag{4.8}$$

如果对 $[0,1]$ 上所有点, 都有 $|u'''(t)| \leqslant \rho$, 则易得 $|u'''(t)| < R_1$. 否则, 可以取到一点 $t_1 \in [0,1)$, 使得 $u'''(t_1) < -\rho$, 或当 $t_1 \in (0,1]$, $u'''(t_1) > \rho$. 假设第一种情况成立, 由 (4.6) 知, 存在 $t_1 < t_0 \leqslant 1$, 使得

$$u'''(t_0) = -\rho, \qquad u'''(t) < -\rho, \quad \forall\, t \in [t_1, t_0).$$

应用变量替换及式 (4.4), (4.8) 可得

$$\begin{aligned}
\int_{-u'''(t_0)}^{-u'''(t_1)} \frac{s}{h_E(s)}\mathrm{d}s &= \int_{t_0}^{t_1} \frac{-u'''(t)}{h_E(-u'''(t))}(-u^{(4)}(t))\mathrm{d}t \\
&= \int_{t_1}^{t_0} \frac{-u'''(t)}{h_E(-u'''(t))} f(t, u(t), u'(t), u''(t), u'''(t))\mathrm{d}t \\
&\leqslant \int_{t_1}^{t_0} -u'''(t)\mathrm{d}t \\
&= u''(t_1) - u''(t_0)
\end{aligned}$$

$$\leqslant \max_{t\in[0,1]} \Gamma_2(t) - \min_{t\in[0,1]} \gamma_2(t)$$

$$< \int_{\rho}^{R_1} \frac{s}{h_E(s)}\mathrm{d}s.$$

从而有 $u'''(t_1) > -R_1$. 因为 t_1 是满足 $u'''(t_1) < -\rho$ 任意选取的, 所以对满足 $u'''(t) < -\rho$ 的 $t \in [0,1)$, 都有 $u'''(t) > -R_1$.

同理, 对于满足 $u'''(t) > \rho$ 的 $t \in (0,1]$, 都有 $u'''(t) < R_1$. 综上有

$$|u'''(t)| < R_1, \quad \forall\, t \in [0,1].$$

假设 $\eta > \rho$, 取 $R_2 > \eta$ 使得

$$\int_{\eta}^{R_2} \frac{s}{h_E(s)}\mathrm{d}s > \max_{t\in[0,1]} \Gamma_2(t) - \min_{t\in[0,1]} \gamma_2(t). \tag{4.9}$$

用类似的方法可得

$$|u'''(t)| < R_2, \quad \forall\, t \in [0,1].$$

选取 $R = \max\{R_1, R_2\}$, 则有 $\parallel u''' \parallel_\infty < R$. 证毕.

注意到, R 仅依赖于函数 h_E, γ_2, Γ_2 和 ρ, 与边值条件无关.

4.1.2　主要结果

定理 4.1.1　假设 $\beta(t), \alpha(t)$ 为问题 (4.1), (4.2) 的一对上下解. 设 $f \in C([0,1] \times \mathbb{R}^4, \mathbb{R})$ 且在

$$E_* = \{(t, x_0, x_1, x_2, x_3) \in [0,1] \times \mathbb{R}^4 : \alpha(t) \leqslant x_0 \leqslant \beta(t)\}$$

上满足单边 Nagumo 条件, 当 $(t, x_2, x_3) \in [0,1] \times \mathbb{R}^2$, $(\alpha(t), \alpha'(t)) \leqslant (x_0, x_1) \leqslant (\beta(t), \beta'(t))$ 时, f 满足

$$f(t, \alpha(t), \alpha'(t), x_2, x_3) \geqslant f(t, x_0, x_1, x_2, x_3) \geqslant f(t, \beta(t), \beta'(t), x_2, x_3), \tag{4.10}$$

其中 $(x_0, x_1) \leqslant (y_0, y_1)$, 即 $x_0 \leqslant y_0$ 和 $x_1 \leqslant y_1$. 则问题 (4.1), (4.2) 至少存在一个解 $u(t) \in C^4([0,1])$, 且对任意 $t \in [0,1]$, 有

$$\alpha(t) \leqslant u(t) \leqslant \beta(t), \quad \alpha'(t) \leqslant u'(t) \leqslant \beta'(t), \quad \alpha''(t) \leqslant u''(t) \leqslant \beta''(t).$$

证明　定义辅助函数

$$\delta_i(t, x_i) = \begin{cases} \alpha^{(i)}(t), & x_i < \alpha^{(i)}(t), \\ x_i, & \alpha^{(i)}(t) \leqslant x_i \leqslant \beta^{(i)}(t), \quad i = 0, 1, 2. \\ \beta^{(i)}(t), & x_i > \beta^{(i)}(t), \end{cases}$$

对于 $\lambda \in [0, 1]$, 考虑同伦方程

$$u^{(4)}(t) = \lambda f(t, \delta_0(t, u(t)), \delta_1(t, u'(t)), \delta_2(t, u''(t)), u'''(t))$$

$$+ u''(t) - \lambda \delta_2(t, u''(t)), \tag{4.11}$$

边值条件为

$$\begin{aligned} u(0) &= u(1) = 0, \\ u'''(0) &= \frac{\lambda}{b}[au''(0) - A], \\ u'''(1) &= \frac{\lambda}{d}[B - cu''(1)]. \end{aligned} \tag{4.12}$$

选择充分大的 $r_1 > 0$, 使得对所有的 $t \in [0, 1]$, 有下列表达式成立:

$$-r_1 < \alpha''(t) \leqslant \beta''(t) < r_1, \tag{4.13}$$

$$f(t, \alpha(t), \alpha'(t), \alpha''(t), 0) - r_1 - \alpha''(t) < 0, \tag{4.14}$$

$$f(t, \beta(t), \beta'(t), \beta''(t), 0) + r_1 - \beta''(t) > 0, \tag{4.15}$$

$$\frac{|A|}{a} < r_1, \quad \frac{|B|}{c} < r_1. \tag{4.16}$$

步骤一, 证明问题 (4.11), (4.12) 的每一个解 $u(t)$, 都满足

$$|u^{(i)}(t)| < r_1, \quad \forall\, t \in [0, 1], \quad i = 0, 1, 2,$$

其中 r_1 不依赖于 λ, $\lambda \in [0, 1]$.

假设结论不成立, 不妨设 $i = 2$ 时不成立, 即存在问题 (4.11), (4.12) 的一个解 u, 使得 $|u''(t)| \geqslant r_1$. 当 $u''(t) \geqslant r_1$ 时, 定义

$$\max_{t \in [0,1]} u''(t) := u''(t_0) \geqslant r_1.$$

若 $t_0 \in (0,1)$, 则 $u'''(t_0) = 0$, $u^{(4)}(t_0) \leqslant 0$. 由式 (4.10), (4.15), 对于 $\lambda \in (0,1]$, 可得下面的矛盾:

$$
\begin{aligned}
0 \geqslant u^{(4)}(t_0) &= \lambda f(t_0, \delta_0(t_0, u(t_0)), \delta_1(t_0, u'(t_0)), \delta_2(t_0, u''(t_0)), u'''(t_0)) \\
&\quad + u''(t_0) - \lambda \delta_2(t_0, u''(t_0)) \\
&= \lambda f(t_0, \delta_0(t_0, u(t_0)), \delta_1(t_0, u'(t_0)), \beta''(t_0), 0) + u''(t_0) - \lambda \beta''(t_0) \\
&\geqslant \lambda f(t_0, \beta(t_0), \beta'(t_0), \beta''(t_0), 0) + u''(t_0) - \lambda \beta''(t_0) \\
&= \lambda[f(t_0, \beta(t_0), \beta'(t_0), \beta''(t_0), 0) + r_1 - \beta''(t_0)] + u''(t_0) - \lambda r_1 > 0.
\end{aligned}
$$

对于 $\lambda = 0$,

$$
0 \geqslant u^{(4)}(t_0) = u''(t_0) \geqslant r_1 > 0.
$$

若 $t_0 = 0$, 则

$$
\max_{t \in [0,1]} u''(t) := u''(0) \geqslant r_1 > 0,
$$

且 $u'''(0^+) = u'''(0) \leqslant 0$. 如果 $\lambda = 0$, 则 $u'''(0) = 0$, $u^{(4)}(0) \leqslant 0$ 与 $u^{(4)}(0) = u''(0) > 0$ 矛盾. 对于 $\lambda \in (0,1]$, 由式 (4.16) 得矛盾:

$$
0 \geqslant u'''(0) = \frac{\lambda}{b}[au''(0) - A] \geqslant \frac{\lambda}{b}[ar_1 - A] > 0.
$$

因此, $t_0 \neq 0$.

同理 $t_0 \neq 1$. 对于 $t \in [0,1]$, $u''(t) > -r_1$ 的情况可类似证明.

由边值条件 (4.12), 存在一点 $\xi \in (0,1)$, 使得 $u'(\xi) = 0$. 积分可得

$$
|u'(t)| = \left| \int_\xi^t u''(s) \mathrm{d}s \right| < r_1|t - \xi| \leqslant r_1
$$

和

$$
|u(t)| = \left| \int_0^t u'(s) \mathrm{d}s \right| < r_1 t \leqslant r_1.
$$

步骤二, 证明存在一个 $R > 0$, 使得对于问题 (4.11), (4.12) 的每个解 $u(t)$, 都有

$$
|u'''(t)| < R, \quad \forall \, t \in [0,1],
$$

其中 R 不依赖于 λ, $\lambda \in [0, 1]$.

考虑集合

$$E_{r_1} = \{(t, x_0, x_1, x_2, x_3) \in [0, 1] \times \mathbb{R}^4 : -r_1 \leqslant x_i \leqslant r_1, i = 0, 1, 2\},$$

对于 $\lambda \in [0, 1]$, 定义函数 $F_\lambda : E_{r_1} \longrightarrow \mathbb{R}$ 为

$$F_\lambda(t, x_0, x_1, x_2, x_3) = \lambda f(t, \delta_0(t, x_0), \delta_1(t, x_1), \delta_2(t, x_2), x_3) + x_2 - \lambda \delta_2(t, x_2).$$

下面将要证明 F_λ 在 E_{r_1} 上满足单边 Nagumo 条件 (4.4), (4.5). 因为 f 在 E_* 上满足条件 (4.4), 所以有

$$F_\lambda(t, x_0, x_1, x_2, x_3) = \lambda f(t, \delta_0(t, x_0), \delta_1(t, x_1), \delta_2(t, x_2), x_3) + x_2 - \lambda \delta_2(t, x_2)$$
$$\leqslant h_{E_*}(|x_3|) + r_1 - \lambda \alpha''(t) \leqslant h_{E_*}(|x_3|) + 2r_1.$$

这样, 定义 $h_{E_{r_1}}(t) = h_{E_*}(|x_3|) + 2r_1$. 可见 F_λ 满足条件 (4.4), 其中集合 E 和函数 h_E 分别为 E_{r_1} 和 $h_{E_{r_1}}$. 又因为

$$\int_0^{+\infty} \frac{s}{h_{E_{r_1}}(s)} \mathrm{d}s = \int_0^{+\infty} \frac{s}{h_{E_*}(s) + 2r_1} \mathrm{d}s$$
$$\geqslant \frac{1}{1 + \dfrac{2r_1}{k}} \int_0^{+\infty} \frac{s}{h_{E_*}(s)} \mathrm{d}s = +\infty,$$

即满足条件 (4.5). 因此, F_λ 在 E_{r_1} 上满足单边 Nagumo 条件, r_1 不依赖于 λ.

对于

$$\rho := \max\left\{\frac{ar_1 + |A|}{b}, \frac{|B| + cr_1}{d}\right\},$$

问题 (4.11), (4.12) 的每一个解 u, 都满足

$$u'''(0) = \frac{\lambda}{b}[au''(0) - A] \leqslant \frac{\lambda}{b}[ar_1 + |A|] \leqslant \rho,$$

$$u'''(1) = \frac{\lambda}{d}[B - cu''(1)] \geqslant -\frac{\lambda}{d}[|B| + cr_1] \geqslant -\rho.$$

定义 $\gamma_i(t) := -r_1$ 和 $\Gamma_i(t) := r_1$, $i = 0, 1, 2$. 由引理 4.1.1, 存在一个 $R > 0$, 使得 $|u'''(t)| < R$. 其中 R 仅依赖 r_1 和 $h_{E_{r_1}}$, 又因 r_1 和 $h_{E_{r_1}}$ 都不依赖于 λ, 所以 R 不依赖于 λ.

步骤三, 证明当 $\lambda = 1$ 时, 问题 (4.11), (4.12) 至少存在一个解 $u_1(t)$.

定义算子

$$L : C^4([0,1]) \subset C^3([0,1]) \longrightarrow C([0,1]) \times \mathbb{R}^4$$

为

$$Lu = (u^{(4)} - u'', u(0), u(1), u'''(0), u'''(1))$$

和对于 $\lambda \in [0,1]$, $\mathcal{N}_\lambda : C^3([0,1]) \longrightarrow C([0,1]) \times \mathbb{R}^4$ 为

$$\mathcal{N}_\lambda u = (\lambda f(t, \delta_0(t, u(t)), \delta_1(t, u'(t)), \delta_2(t, u''(t)), u'''(t)) - \lambda \delta_2(t, u''(t)), 0, 0, A_\lambda, B_\lambda),$$

其中

$$A_\lambda := \frac{\lambda}{b}[au''(0) - A],$$

$$B_\lambda := \frac{\lambda}{d}[B - cu''(1)].$$

显然, L 的逆是紧的. 考虑全连续算子

$$T_\lambda : (C^3([0,1]), \mathbb{R}) \longrightarrow (C^3([0,1]), \mathbb{R})$$

为

$$T_\lambda(u) = L^{-1}\mathcal{N}_\lambda(u).$$

对于步骤二中给定的 R, 选取集合

$$\Omega = \{x \in C^3([0,1]) : \| x^{(i)} \|_\infty < r_1, i = 0, 1, 2, \| x''' \|_\infty < R\}.$$

方程 $x = T_0(x)$ 等价于问题

$$\begin{cases} u^{(4)}(t) = u''(t), \\ u(0) = u(1) = u'''(0) = u'''(1) = 0, \end{cases}$$

并且该问题仅有平凡解. 由拓扑度定理知,

$$d(I - T_0, \Omega, 0) = \pm 1.$$

又由同伦不变性得

$$d(I - T_0, \Omega, 0) = d(I - T_1, \Omega, 0) = \pm 1.$$

这样, 方程 $T_1(x) = x$ 即问题

$$\begin{cases} u^{(4)}(t) = f(t, \delta_0(t, u(t)), \delta_1(t, u'(t)), \delta_2(t, u''(t)), u'''(t)) + u''(t) - \delta_2(t, u''(t)), \\ u(0) = u(1) = 0, \\ au''(0) - bu'''(0) = A, \\ cu''(1) + du'''(1) = B \end{cases}$$

至少在 Ω 上有一个解 $u_1(t)$.

步骤四, 证明函数 $u_1(t)$ 是问题 (4.1), (4.2) 的一个解.

只需证明函数 $u_1(t)$ 满足

$$\alpha(t) \leqslant u_1(t) \leqslant \beta(t), \quad \alpha'(t) \leqslant u_1'(t) \leqslant \beta'(t), \quad \alpha''(t) \leqslant u_1''(t) \leqslant \beta''(t).$$

假设存在一点 $\bar{t} \in [0, 1]$, 使得 $u_1''(\bar{t}) > \beta''(\bar{t})$, 并定义

$$\max_{t \in [0,1]}[u_1''(t) - \beta''(t)] := u_1''(t_2) - \beta''(t_2) > 0.$$

如果 $t_2 \in (0, 1)$, 则 $u_1'''(t_2) = \beta'''(t_2)$, $u_1^{(4)}(t_2) \leqslant \beta^{(4)}(t_2)$. 由 (4.10) 和定义 4.1.1, 有

$$\begin{aligned} u_1^{(4)}(t_2) &= f(t_2, \delta_0(t_2, u_1(t_2)), \delta_1(t_2, u_1'(t_2)), \delta_2(t_2, u_1''(t_2)), u_1'''(t_2)) \\ &\quad + u_1''(t_2) - \delta_2(t_2, u_1''(t_2)) \\ &= f(t_2, \delta_0(t_2, u_1(t_2)), \delta_1(t_2, u_1'(t_2)), \beta''(t_2), \beta'''(t_2)) + u_1''(t_2) - \beta''(t_2) \\ &\geqslant f(t_2, \beta(t_2), \beta'(t_2), \beta''(t_2), \beta'''(t_2)) \\ &\geqslant \beta^{(4)}(t_2). \end{aligned}$$

如果 $t_2 = 0$, 有

$$\max_{t \in [0,1]}[u_1''(t) - \beta''(t)] := u_1''(0) - \beta''(0) > 0,$$

$$u_1'''(0) - \beta'''(0) = u_1'''(0^+) - \beta'''(0^+) \leqslant 0.$$

由定义 4.1.1, 得矛盾

$$u_1'''(0) = \frac{1}{b}[au_1''(0) - A] > \frac{1}{b}[a\beta''(0) - A] \geqslant \beta'''(0).$$

同理有 $t_2 \neq 1$. 这样,

$$u_1''(t) \leqslant \beta''(t), \quad \forall\, t \in [0,1].$$

应用类似方法可得, $\alpha''(t) \leqslant u_1''(t)$, $t \in [0,1]$. 综上,

$$\alpha''(t) \leqslant u_1''(t) \leqslant \beta''(t). \tag{4.17}$$

另外, 由

$$\begin{aligned}
0 = u_1(1) - u_1(0) &= \int_0^1 u_1'(t)\mathrm{d}t \\
&= \int_0^1 \left(u_1'(0) + \int_0^t u_1''(s)\mathrm{d}s \right) \mathrm{d}t \\
&= u_1'(0) + \int_0^1 \int_0^t u_1''(s)\mathrm{d}s\mathrm{d}t,
\end{aligned}$$

整理得

$$u_1'(0) = -\int_0^1 \int_0^t u_1''(s)\mathrm{d}s\mathrm{d}t. \tag{4.18}$$

应用类似技巧得

$$\begin{aligned}
-\int_0^1 \int_0^t \beta''(s)\mathrm{d}s\mathrm{d}t &= -\int_0^1 \beta'(t)\mathrm{d}t + \beta'(0) \\
&= \beta(0) - \beta(1) + \beta'(0).
\end{aligned}$$

由定义 4.1.1 (iii), (4.17) 和 (4.18), 有

$$\begin{aligned}
\alpha'(0) &\leqslant \beta'(0) - \beta(1) + \beta(0) \\
&= -\int_0^1 \int_0^t \beta''(s)\mathrm{d}s\mathrm{d}t \\
&\leqslant -\int_0^1 \int_0^t u_1''(s)\mathrm{d}s\mathrm{d}t = u_1'(0),
\end{aligned}$$

$$\beta'(0) \geqslant \alpha'(0) - \alpha(1) + \alpha(0)$$

$$= -\int_0^1 \int_0^t \alpha''(s) \mathrm{d}s \mathrm{d}t$$

$$\geqslant -\int_0^1 \int_0^t u_1''(s) \mathrm{d}s \mathrm{d}t = u_1'(0),$$

即

$$\alpha'(0) \leqslant u_1'(0) \leqslant \beta'(0). \tag{4.19}$$

再由 (4.17) 知, $\beta'(t) - u_1'(t)$ 是单调不减的, 则有

$$\beta'(t) - u_1'(t) \geqslant \beta'(0) - u_1'(0) \geqslant 0,$$

即对于 $t \in [0, 1]$, $\beta'(t) \geqslant u_1'(t)$. 同样由 $\beta(t) - u_1(t)$ 的单调性知,

$$\beta(t) - u_1(t) \geqslant \beta(0) - u_1(0) = \beta(0) \geqslant 0,$$

即对于 $t \in [0, 1]$, $\beta(t) \geqslant u_1(t)$.

同理可证, $u_1'(t) \geqslant \alpha'(t)$ 和 $u_1(t) \geqslant \alpha(t)$. 故 $u_1(t)$ 是问题 (4.1), (4.2) 的一个解. 证毕.

例 4.1.1　考虑问题

$$u^{(4)}(t) = -[3 + u(t)][\mathrm{e}^{u'(t)}][u''(t) - 2]^2 - [u'''(t)]^4, \tag{4.20}$$

$$\begin{aligned} u(0) &= u(1) = 0, \\ u''(0) - u'''(0) &= A, \\ u''(1) + u'''(1) &= B, \end{aligned} \tag{4.21}$$

其中 $A, B \in \mathbb{R}$. 非线性函数

$$f(t, x_0, x_1, x_2, x_3) = -(3 + x_0)\mathrm{e}^{x_1}(x_2 - 2)^2 - (x_3)^4$$

在 $[0, 1] \times \mathbb{R}^4$ 上是连续的. 若 $A, B \in [-2, 2]$, 则函数 $\alpha \, \beta : [0, 1] \longrightarrow \mathbb{R}$ 为 $\alpha(t) = -t^2 - t$ 和 $\beta(t) = t^2 + t$, 它们是问题 (4.20), (4.21) 的一对上下解. 定义

$$E = \{(t, x_0, x_1, x_2, x_3) \in [0,1] \times \mathbb{R}^4 : -t^2 - t \leqslant x_0 \leqslant t^2 + t,$$

$$-2t - 1 \leqslant x_1 \leqslant 2t + 1, \quad -2 \leqslant x_2 \leqslant 2\}.$$

则 f 满足条件 (4.10) 和在 E 上单边 Nagumo 条件, 其中 $h_E(|x_3|) = 1$.

由定理 4.1.1 知, 问题 (4.20), (4.21) 至少存在一个解 $u(t)$, 且对于 $t \in [0,1]$, 有

$$-t^2 - t \leqslant u(t) \leqslant t^2 + t, \quad -2t - 1 \leqslant u'(t) \leqslant 2t + 1, \quad -2 \leqslant u''(t) \leqslant 2.$$

注意函数

$$f(t, x_0, x_1, x_2, x_3) = -(3 + x_0)\mathrm{e}^{x_1}(x_2 - 2)^2 - (x_3)^4$$

不满足双边的 Nagumo 条件.

4.2　具积分边值条件的四阶常微分方程

本节研究具有积分边值条件的四阶常微分方程问题:

$$(\phi(u'''(t)))' + f(t, u(t), u'(t), u''(t), u'''(t)) = 0, \quad 0 < t < 1, \tag{4.22}$$

$$u(0) = u(1) = 0,$$
$$u''(0) - k_1 u'''(0) = \int_0^1 h_1(u(s))\mathrm{d}s, \tag{4.23}$$
$$u''(1) + k_2 u'''(1) = \int_0^1 h_2(u(s))\mathrm{d}s,$$

其中 $f : [0,1] \times \mathbb{R}^4 \longrightarrow \mathbb{R}$ 和 $h_i : \mathbb{R} \longrightarrow \mathbb{R}$ $(i = 1, 2)$ 是连续的, $k_1, k_2 \geqslant 0$, $\phi(u)$ 是严格增的连续函数, 且 $\phi(0) = 0$, $\phi(\mathbb{R}) = \mathbb{R}$, $\mathbb{R} = (-\infty, +\infty)$.

在 4.1 节中, 问题非线性项 f 满足的是单边 Nagumo 条件, 在先验界估计过程中要比本节具双边 Nagumo 条件的麻烦. 但具有类 p-Laplace 算子, 使 Nagumo 条件的定义形式复杂. 而且加权函数 h_i 给上下解技术增加了难度, 我们通过给出一些先验估计及精确的计算, 进一步构造同伦映射, 利用拓扑度理论证明了问题解的存在性.

4.2.1   准备工作

首先, 我们给出上下解定义以及证明所需要的一个先验估计.

定义 4.2.1   设函数 $\alpha, \beta \in C^3([0,1])$, $\phi(\alpha'''(t)), \phi(\beta'''(t)) \in C^1([0,1])$ 满足

$$\alpha''(t) \leqslant \beta''(t), \quad \forall\, t \in [0,1], \tag{4.24}$$

称 $\beta(t), \alpha(t)$ 为问题 (4.22), (4.23) 的一对上下解, 若以下条件成立:

(i) $(\phi(\alpha'''(t)))' \geqslant -f(t, \alpha(t), \alpha'(t), \alpha''(t), \alpha'''(t))$,

$\quad (\phi(\beta'''(t)))' \leqslant -f(t, \beta(t), \beta'(t), \beta''(t), \beta'''(t))$;

(ii) $\alpha(0) \leqslant 0$, $\alpha(1) \leqslant 0$,

$$\alpha''(0) - k_1 \alpha'''(0) \leqslant \int_0^1 h_1(\alpha(s)) \mathrm{d}s,$$

$$\alpha''(1) + k_2 \alpha'''(1) \leqslant \int_0^1 h_2(\alpha(s)) \mathrm{d}s,$$

$$\beta(0) \geqslant 0, \quad \beta(1) \geqslant 0,$$

$$\beta''(0) - k_1 \beta'''(0) \geqslant \int_0^1 h_1(\beta(s)) \mathrm{d}s,$$

$$\beta''(1) + k_2 \beta'''(1) \geqslant \int_0^1 h_2(\beta(s)) \mathrm{d}s;$$

(iii) $\alpha'(0) - \beta'(0) \leqslant \min\{\beta(0) - \beta(1), \alpha(1) - \alpha(0), 0\}$.

注意到, 由式 (4.24) 和条件 (iii) 计算可得

$$\alpha(t) \leqslant \beta(t), \quad \alpha'(t) \leqslant \beta'(t), \quad \forall\, t \in [0,1].$$

可见, 上下解本身以及相应的一阶导也具有良好的序关系.

定义 4.2.2   令集合

$$D := \{(t, x_0, x_1, x_2, x_3) \in [0,1] \times \mathbb{R}^4 : \gamma_i(t) \leqslant x_i(t) \leqslant \Gamma_i(t), \ i = 0,1,2\},$$

这里 $\Gamma_i(t), \gamma_i(t) : [0,1] \longrightarrow \mathbb{R}$ $(i = 0,1,2)$ 连续, 且 $\gamma_i(t) \leqslant \Gamma_i(t)$, $i = 0,1,2$, $t \in [0,1]$. 称连续函数 $f : [0,1] \times \mathbb{R}^4 \longrightarrow \mathbb{R}$ 在 D 上满足 Nagumo 条件, 若存在一个正的连续函数 $\Phi : [0, +\infty) \longrightarrow [a, +\infty)$, $a > 0$ 和一个参数 $p > 1$, 使得

$$|f(t, x_0, x_1, x_2, x_3)| \leqslant \Phi(|x_3|), \tag{4.25}$$

$$\int_{-\infty}^{\phi(-\nu)} \frac{|\phi^{-1}(s)|^{\frac{p-1}{p}}}{\Phi(|\phi^{-1}(s)|)} \mathrm{d}s, \quad \int_{\phi(\nu)}^{+\infty} \frac{|\phi^{-1}(s)|^{\frac{p-1}{p}}}{\Phi(|\phi^{-1}(s)|)} \mathrm{d}s = +\infty, \tag{4.26}$$

其中 ϕ^{-1} 是 ϕ 的逆函数, 记

$$\nu := \max\{|\Gamma_2(1) - \gamma_2(0)|, |\Gamma_2(0) - \gamma_2(1)|\}.$$

引理 4.2.1 设 $f : [0,1] \times \mathbb{R}^4 \longrightarrow \mathbb{R}$ 是连续函数, 在

$$D := \{(t, x_0, x_1, x_2, x_3) \in [0,1] \times \mathbb{R}^4 : \gamma_i(t) \leqslant x_i(t) \leqslant \Gamma_i(t), \ i = 0, 1, 2\}$$

上满足 Nagumo 条件. 则存在 $N > 0$ (仅依赖 Γ_2, γ_2 和 Φ), 使得满足

$$\gamma_i(t) \leqslant u^{(i)}(t) \leqslant \Gamma_i(t), \quad i = 0, 1, 2,$$

的问题 (4.22), (4.23) 每一个解 $u(t)$, 都有 $\|u'''\|_\infty \leqslant N$.

证明 考虑修正问题

$$(\phi(u'''(t)))' + f^*(t, u(t), u'(t), u''(t), u'''(t)) = 0, \quad 0 < t < 1,$$

其中

$$f^*(t, x_0, x_1, x_2, x_3) = \begin{cases} f(t, x_0, x_1, x_2, -N), & x_3 < -N, \\ f(t, x_0, x_1, x_2, x_3), & |x_3| \leqslant N, \\ f(t, x_0, x_1, x_2, N), & x_3 > N. \end{cases}$$

选择 N 充分大,

$$N > \max\{\max|\Gamma_2'(t)|, \max|\gamma_2'(t)|\}, \quad N > \nu,$$

且

$$\int_{\phi(-N)}^{\phi(-\nu)} \frac{|\phi^{-1}(s)|^{\frac{p-1}{p}}}{\Phi(|\phi^{-1}(s)|)} \mathrm{d}s, \quad \int_{\phi(\nu)}^{\phi(N)} \frac{|\phi^{-1}(s)|^{\frac{p-1}{p}}}{\Phi(|\phi^{-1}(s)|)} \mathrm{d}s > \mu^{\frac{p-1}{p}}, \tag{4.27}$$

$$\mu = \max_{0 \leqslant t \leqslant 1} \Gamma_2(t) - \min_{0 \leqslant t \leqslant 1} \gamma_2(t).$$

由中值定理知, 存在一点 $t_0 \in (0, 1)$, 使得 $u'''(t_0) = u''(1) - u''(0)$, 进而有

$$-N < -\nu \leqslant \gamma_2(1) - \Gamma_2(0) \leqslant u'''(t_0) \leqslant \Gamma_2(1) - \gamma_2(0) \leqslant \nu < N.$$

记 $v_0 = |u'''(t_0)|$.

假设在区间 $[0,1]$ 上存在一点, 使得 $u''' > N$ 或 $u''' < -N$. 由 u''' 的连续性知, 存在一个区间 $[t_1, t_2] \subset [0,1]$ 且满足下列情况之一:

(i) $u'''(t_1) = v_0$, $u'''(t_2) = N$,　$v_0 \leqslant u'''(t) \leqslant N$,　$\forall\, t \in (t_1, t_2)$;

(ii) $u'''(t_1) = N$, $u'''(t_2) = v_0$,　$v_0 \leqslant u'''(t) \leqslant N$,　$\forall\, t \in (t_1, t_2)$;

(iii) $u'''(t_1) = -v_0$, $u'''(t_2) = -N$,　$-N \leqslant u'''(t) \leqslant -v_0$,　$\forall\, t \in (t_1, t_2)$;

(iv) $u'''(t_1) = -N$, $u'''(t_2) = -v_0$,　$-N \leqslant u'''(t) \leqslant -v_0$,　$\forall\, t \in (t_1, t_2)$.

假设 (i) 成立.

因为 $t \in (t_1, t_2)$, $-N \leqslant v_0 \leqslant u'''(t) \leqslant N$, 所以有

$$
\begin{aligned}
(\phi(u'''(t)))' &= -f^*(t, u(t), u'(t), u''(t), u'''(t)) \\
&= -f(t, u(t), u'(t), u''(t), u'''(t)), \quad t \in (t_1, t_2).
\end{aligned}
$$

由 Nagumo 条件得

$$
|(\phi(u'''(t)))'| = |f(t, u(t), u'(t), u''(t), u'''(t))| \leqslant \Phi(|u'''(t)|), \quad t \in (t_1, t_2),
$$

进而有

$$
\begin{aligned}
\int_{\phi(v_0)}^{\phi(N)} \frac{|\phi^{-1}(s)|^{\frac{p-1}{p}}}{\Phi(|\phi^{-1}(s)|)} \mathrm{d}s &= \int_{t_1}^{t_2} \frac{|u'''(t)|^{\frac{p-1}{p}}}{\Phi(|u'''(t)|)} (\phi(u'''(t)))' \mathrm{d}t \\
&\leqslant \int_{t_1}^{t_2} \frac{|u'''(t)|^{\frac{p-1}{p}}}{\Phi(|u'''(t)|)} |(\phi(u'''(t)))'''| \mathrm{d}t \\
&\leqslant \int_{t_1}^{t_2} |u'''(t)|^{\frac{p-1}{p}} \mathrm{d}t \\
&\leqslant \left(\int_{t_1}^{t_2} 1^p \mathrm{d}t \right)^{\frac{1}{p}} \left(\int_{t_1}^{t_2} (|u'''(t)|^{\frac{p-1}{p}})^{\frac{p}{p-1}} \mathrm{d}t \right)^{\frac{p-1}{p}} \\
&= (t_2 - t_1)^{\frac{1}{p}} (u''(t_2) - u''(t_1))^{\frac{p-1}{p}} \\
&\leqslant \mu^{\frac{p-1}{p}}.
\end{aligned}
$$

与 (4.27) 矛盾. 类似可证明其他三种情况. 证毕.

引理 4.2.2　边值问题

$$
(\phi(u'''(t)))' = u'', \tag{4.28a}
$$

$$u(0) = u(1) = u''(0) = u''(1) = 0 \tag{4.28b}$$

仅有平凡解.

证明 令 $u'' = v$, 则有

$$(\phi(v'(t)))' = v, \tag{4.29a}$$

$$v(0) = v(1) = 0. \tag{4.29b}$$

现在我们只需证明边值问题 (4.29a), (4.29b) 仅有平凡解.

显然, $v(t) \equiv 0$ 是边值问题 (4.29a), (4.29b) 的一个解. 假设 $v(t)$ 是非平凡解, 则存在 $t^* \in (0,1)$, 使得 $v(t^*) \neq 0$. 不妨设 $v(t^*) > 0$, 则存在 $[t_1, t_2] \subset [0,1]$, 使得 $v(t) > 0, t \in (t_1, t_2)$, 且 $v(t_1) = v(t_2) = 0$. 于是, 存在一点 $t_0 \in (t_1, t_2)$, 使得 $v(t_0) = \max_{t \in [t_1, t_2]} v(t) > 0$. 进而有 $v'(t_0) = 0$ 和存在 $\delta > 0$, $(t_0 - \delta, t_0 + \delta) \subset (t_1, t_2)$ 有下式成立:

$$v(t) > 0, \quad t \in (t_0 - \delta, t_0 + \delta),$$

$$v'(t_3) \geqslant 0, \quad t_3 \in (t_0 - \delta, t_0),$$

$$v'(t_4) \leqslant 0, \quad t_4 \in (t_0, t_0 + \delta).$$

但对于 $t_3, t_4 \in (t_0 - \delta, t_0 + \delta)$, $t_3 < t_4$, 由方程 (4.29a) 知

$$\phi(v'(t_3)) < \phi(v'(t_4)),$$

即

$$v'(t_3) < v'(t_4),$$

矛盾.

因此, $u'' = v \equiv 0$, 又因为 $u(0) = u(1) = 0$, 所以 $u(t) \equiv 0$. 证毕.

4.2.2 主要结果

定理 4.2.1 假设

(H$_1$) $\beta(t)$, $\alpha(t)$ 是问题 (4.22), (4.23) 的一对上下解;

(H$_2$) $f \in C([0,1] \times \mathbb{R}^4, \mathbb{R})$, 且在

$$D := [0,1] \times [\alpha(t), \beta(t)] \times [\alpha'(t), \beta'(t)] \times [\alpha''(t), \beta''(t)] \times \mathbb{R}$$

上满足 Nagumo 条件, 当 $(t, x_2, x_3) \in [0,1] \times \mathbb{R}^2$, $(\alpha(t), \alpha'(t)) \leqslant (x_0, x_1) \leqslant (\beta(t), \beta'(t))$
时, f 满足

$$f(t, \alpha(t), \alpha'(t), x_2, x_3) \leqslant f(t, x_0, x_1, x_2, x_3) \leqslant f(t, \beta(t), \beta'(t), x_2, x_3),$$

其中 $(x_0, x_1) \leqslant (y_0, y_1)$, 即 $x_0 \leqslant y_0$ 和 $x_1 \leqslant y_1$; $h_i : \mathbb{R} \longrightarrow \mathbb{R}$ $(i = 1, 2)$ 是连续的, 且
$h_i'(u) \geqslant 0$ $(i = 1, 2)$;

(H$_3$) ϕ 是连续的且严格递增, $\phi(0) = 0$, $\phi(\mathbb{R}) = \mathbb{R}$,

则问题 (4.22), (4.23) 至少存在一个解 $u(t)$, 且对任意 $t \in [0,1]$, 有 $\alpha(t) \leqslant u(t) \leqslant \beta(t)$,
$\alpha'(t) \leqslant u'(t) \leqslant \beta'(t)$, $\alpha''(t) \leqslant u''(t) \leqslant \beta''(t)$, $|u'''(t)| \leqslant N$, 这里 N 是仅依赖于 α, β
和 Φ 的常数.

证明 令 $\delta_1, \delta_2, \delta_3 \in \mathbb{R}$, 且 $\delta_1 \leqslant \delta_3$, 定义

$$\omega(\delta_1, \delta_2, \delta_3) = \begin{cases} \delta_3, & \delta_2 > \delta_3, \\ \delta_2, & \delta_1 \leqslant \delta_2 \leqslant \delta_3, \\ \delta_1, & \delta_2 < \delta_1. \end{cases}$$

对于 $\lambda \in [0,1]$, 考虑辅助问题

$$(\phi(u'''(t)))' + \lambda f(t, \omega(\alpha(t), u(t), \beta(t)), \omega(\alpha'(t), u'(t), \beta'(t)), \omega(\alpha''(t), u''(t), \beta''(t)), u'''(t))$$

$$= (1 - \lambda)u''(t) + \lambda[u''(t) - \omega(\alpha''(t), u''(t), \beta''(t))]\Phi(|u'''(t)|), \tag{4.30}$$

其中 $\Phi(|u'''(t)|)$ 是 Nagumo 条件中定义的, 其边值为

$$\begin{aligned} &u(0) = u(1) = 0, \\ &u''(0) = \lambda \left[\int_0^1 h_1(\omega(\alpha(t), u(t), \beta(t)))\mathrm{d}s + k_1 u'''(0) \right], \\ &u''(1) = \lambda \left[\int_0^1 h_2(\omega(\alpha(t), u(t), \beta(t)))\mathrm{d}s - k_2 u'''(1) \right]. \end{aligned} \tag{4.31}$$

我们可以取到 $M_1 > 0$, 使得对任意 $t \in [0,1]$, 有下列不等式成立:

$$-M_1 < \alpha''(t) \leqslant \beta''(t) < M_1, \tag{4.32}$$

$$-f(t, \alpha(t), \alpha'(t), \alpha''(t), 0) - [M_1 + \alpha''(t)]\Phi(0) < 0, \tag{4.33}$$

$$-f(t, \beta(t), \beta'(t), \beta''(t), 0) + [M_1 - \beta''(t)]\Phi(0) > 0, \tag{4.34}$$

$$\left| \int_0^1 h_1(\beta(s))\mathrm{d}s \right| < M_1, \quad \left| \int_0^1 h_1(\alpha(s))\mathrm{d}s \right| < M_1, \tag{4.35}$$

$$\left| \int_0^1 h_2(\beta(s))\mathrm{d}s \right| < M_1, \quad \left| \int_0^1 h_2(\alpha(s))\mathrm{d}s \right| < M_1. \tag{4.36}$$

步骤一, 证明对于 $\lambda \in [0,1]$, 问题 (4.30), (4.31) 的每个解 $u(t)$, 都满足

$$|u(t)| < M_1, \quad |u'(t)| < M_1, \quad |u''(t)| < M_1, \quad t \in [0,1].$$

如果 $\lambda = 0$, 由引理 4.2.2, 显然成立. 所以考虑 $\lambda \in (0,1]$.

假设 $|u''(t)| < M_1$ 不成立. 则存在 $t \in [0,1]$, 使得 $u''(t) \geqslant M_1$ 或 $u''(t) \leqslant -M_1$. 假设第一种情况成立. 定义

$$\max_{t \in [0,1]} u''(t) := u''(t_0)(\geqslant M_1 > 0). \tag{4.37}$$

(1) 若 $t_0 \in (0,1)$, 则 $u'''(t_0) = 0$. 由 f 和 Φ 的连续性及 (4.34), 可以取到 $\eta > 0$, 当 $|y| < \eta$ 时, 有

$$-f(t, \beta(t), \beta'(t), \beta''(t), y) + [M_1 - \eta - \beta''(t)]\Phi(|y|) > 0.$$

由 (4.37), 存在 $\theta \in (0, \min\{t_0, 1 - t_0\})$, 使得

$$|u'''(t)| < \eta, \quad u''(t) > M_1 - \eta > \max\{0, \beta''(t)\}, \quad t \in (t_0 - \theta, t_0 + \theta)$$

及存在 $\widetilde{t_1}, \widetilde{t_2}$, 使得

$$u'''(\widetilde{t_1}) \geqslant 0, \quad \widetilde{t_1} \in (t_0 - \theta, t_0); \quad u'''(\widetilde{t_2}) \leqslant 0, \quad \widetilde{t_2} \in (t_0, t_0 + \theta).$$

这样, 对于 $\lambda \in (0,1]$, $t \in [\widetilde{t_1}, \widetilde{t_2}]$, 有

$$(\phi(u'''(t)))' = -\lambda f(t, \omega(\alpha(t), u(t), \beta(t)), \omega(\alpha'(t), u'(t), \beta'(t)),$$

$$\omega(\alpha''(t), u''(t), \beta''(t)), u'''(t)) + (1-\lambda)u''(t)$$

$$+ \lambda[u''(t) - \omega(\alpha''(t), u''(t), \beta''(t))]\Phi(|u'''(t)|)$$

$$= -\lambda f(t, \omega(\alpha(t), u(t), \beta(t)), \omega(\alpha'(t), u'(t), \beta'(t)), \beta''(t), u'''(t))$$

$$+ (1-\lambda)u''(t) + \lambda[u''(t) - \beta''(t)]\Phi(|u'''(t)|)$$

$$\geqslant -\lambda f(t, \beta(t), \beta'(t), \beta''(t), u'''(t)) + (1-\lambda)(M_1 - \eta)$$

$$+ \lambda[M_1 - \eta - \beta''(t)]\Phi(|u'''(t)|)$$

$$\geqslant \lambda\{-f(t, \beta(t), \beta'(t), \beta''(t), u'''(t)) + [M_1 - \eta - \beta''(t)]\Phi(|u'''(t)|)\}$$

$$> 0,$$

蕴涵着

$$\phi(u'''(\widetilde{t_2})) > \phi(u'''(\widetilde{t_1})),$$

即

$$u'''(\widetilde{t_2}) > u'''(\widetilde{t_1}),$$

矛盾.

(2) 若 $t_0 = 0$, 则 $\max\limits_{t \in [0,1]} u''(t) := u''(0)(\geqslant M_1 > 0)$, $u'''(0^+) = u'''(0) \leqslant 0$. 由 (4.31) 和 (4.35), 得到下面的矛盾

$$M_1 \leqslant u''(0) = \lambda\left[\int_0^1 h_1(\omega(\alpha(s), u(s), \beta(s)))\mathrm{d}s + k_1 u'''(0)\right]$$

$$\leqslant \left|\int_0^1 h_1(\omega(\alpha(s), u(s), \beta(s)))\mathrm{d}s + k_1 u'''(0)\right|$$

$$\leqslant \left|\int_0^1 h_1(\beta(s))\mathrm{d}s\right|$$

$$< M_1.$$

(3) 若 $t_0 = 1$, 则 $\max\limits_{t \in [0,1]} u''(t) := u''(1)(\geqslant M_1 > 0)$, $u'''(1^-) = u'''(1) \geqslant 0$.

由 (4.31) 和 (4.35), 得到下面的矛盾

$$M_1 \leqslant u''(1) = \lambda \left[\int_0^1 h_2(\omega(\alpha(s), u(s), \beta(s))) \mathrm{d}s - k_2 u'''(1) \right]$$

$$\leqslant \left| \int_0^1 h_2(\omega(\alpha(s), u(s), \beta(s))) \mathrm{d}s - k_2 u'''(1) \right|$$

$$\leqslant \left| \int_0^1 h_2(\beta(s)) \mathrm{d}s \right|$$

$$< M_1.$$

所以 $u''(t) < M_1$, $t \in [0,1]$. 同理可证 $u''(t) > -M_1$, $t \in [0,1]$ 的情形. 故 $|u''(t)| < M_1$.

由边值条件 (4.31) 知, 存在一点 $\xi \in (0,1)$, 使得 $u'(\xi) = 0$. 经积分运算得

$$|u'(t)| = \left| \int_\xi^t u''(s) \mathrm{d}s \right| < M_1 |t - \xi| \leqslant M_1,$$

$$|u(t)| = \left| \int_0^t u'(s) \mathrm{d}s \right| < M_1 t \leqslant M_1.$$

步骤二, 证明存在一个 $M_2 > 0$, 使得对于问题 (4.30), (4.31) 的每个解 $u(t)$, 都有

$$|u'''(t)| < M_2, \quad t \in [0,1],$$

其中 M_2 不依赖于 λ.

如果 $u(t)$ 是问题 (4.30), (4.31) 的一个解, 则有

$$(\phi(u'''(t)))' + \lambda f(t, \omega(\alpha(t), u(t), \beta(t)), \omega(\alpha'(t), u'(t), \beta'(t)), \omega(\alpha''(t), u''(t), \beta''(t)),$$

$$u'''(t)) - (1 - \lambda)u''(t) - \lambda[u''(t) - \omega(\alpha''(t), u''(t), \beta''(t))]\Phi(|u'''(t)|) = 0.$$

考虑集合

$$D_{M_1} = \{(t, x_0, x_1, x_2, x_3) \in [0,1] \times \mathbb{R}^4 : -M_1 \leqslant x_0 \leqslant M_1,$$

$$- M_1 \leqslant x_1 \leqslant M_1, -M_1 \leqslant x_2 \leqslant M_1\}.$$

定义函数 $F_\lambda : D_{M_1} \longrightarrow \mathbb{R}$ 为

$$F_\lambda(t, x_0, x_1, x_2, x_3) := \lambda f(t, \omega(\alpha(t), x_0(t), \beta(t)), \omega(\alpha'(t), x_1(t), \beta'(t)),$$
$$\omega(\alpha''(t), x_2(t), \beta''(t)), x_3(t)) - (1 - \lambda)x_2(t)$$
$$- \lambda[x_2(t) - \omega(\alpha''(t), x_2(t), \beta''(t))]\Phi(|x_3(t)|).$$

下面将要证明 $F_\lambda(t, x_0, x_1, x_2, x_3)$ 在 D_{M_1} 上满足 Nagumo 条件. 事实上, 由于 f 在 D 上满足 Nagumo 条件, 所以有

$$|F_\lambda(t, x_0, x_1, x_2, x_3)| \leqslant |f(t, \omega(\alpha(t), x_0(t), \beta(t)), \omega(\alpha'(t), x_1(t), \beta'(t)),$$
$$\omega(\alpha''(t), x_2(t), \beta''(t)), x_3(t))| + |x_2(t)|$$
$$+ |x_2(t) - \omega(\alpha''(t), x_2(t), \beta''(t))|\Phi(|x_3(t)|)$$
$$\leqslant \Phi(|x_3(t)|) + M_1 + 2M_1\Phi(|x_3(t)|)$$
$$= M_1 + (1 + 2M_1)\Phi(|x_3(t)|)$$
$$:= \Phi^*(|x_3(t)|).$$

另外, 有

$$\int_{\phi(\nu)}^{+\infty} \frac{|\phi^{-1}(s)|^{\frac{p-1}{p}}}{\Phi^*(|\phi^{-1}(s)|)} \mathrm{d}s = \int_{\phi(\nu)}^{+\infty} \frac{|\phi^{-1}(s)|^{\frac{p-1}{p}}}{M_1 + (1 + 2M_1)\Phi(|\phi^{-1}(s)|)} \mathrm{d}s$$
$$\geqslant \int_{\phi(\nu)}^{+\infty} \frac{|\phi^{-1}(s)|^{\frac{p-1}{p}}}{\left(1 + 2M_1 + \dfrac{M_1}{a}\right)\Phi(|\phi^{-1}(s)|)} \mathrm{d}s$$
$$= \frac{1}{1 + 2M_1 + \dfrac{M_1}{a}} \int_{\phi(\nu)}^{+\infty} \frac{|\phi^{-1}(s)|^{\frac{p-1}{p}}}{\Phi(|\phi^{-1}(s)|)} \mathrm{d}s$$
$$= +\infty.$$

同理

$$\int_{-\infty}^{\phi(-\nu)} \frac{|\phi^{-1}(s)|^{\frac{p-1}{p}}}{\Phi^*(|\phi^{-1}(s)|)} \mathrm{d}s = +\infty.$$

因此, F_λ 在 D_{M_1} 满足 Nagumo 条件, 且不依赖于 $\lambda \in [0, 1]$. 令

$$\Gamma_i(t) = M_1, \quad \gamma_i(t) = -M_1, \quad i = 0, 1, 2,$$

由引理 4.2.1 知, 存在 $M_2 > 0$, 使得 $|u'''(t)| < M_2$, $t \in [0, 1]$. 因为 M_1 和 Φ 都不依赖于 λ, 所以 $|u'''(t)| < M_2$ 也不依赖于 λ.

步骤三, 证明 $\lambda = 1$ 时, 问题 (4.30), (4.31) 至少存在一个解 $u_1(t)$.

定义算子

$$M : C^3([0, 1]) \cap \mathrm{dom} M \longrightarrow C([0, 1]) \times \mathbb{R}^4$$

为

$$Mu = ((\phi(u'''(t)))', u(0), u(1), u''(0), u''(1))$$

和

$$N_\lambda : C^3([0, 1]) \longrightarrow C([0, 1]) \times \mathbb{R}^4$$

为

$$N_\lambda(u) = (-\lambda f(t, \omega(\alpha(t), u(t), \beta(t)), \omega(\alpha'(t), u'(t), \beta'(t)), \omega(\alpha''(t), u''(t), \beta''(t)),$$
$$u'''(t)) + (1 - \lambda)u''(t) + \lambda[u''(t)$$
$$- \omega(\alpha''(t), u''(t), \beta''(t))]\Phi(|u'''(t)|), 0, 0, A_\lambda, B_\lambda),$$

其中

$$A_\lambda = \lambda \left[\int_0^1 h_1(\omega(\alpha(s), u(s), \beta(s))) \mathrm{d}s + k_1 u'''(0) \right],$$
$$B_\lambda = \lambda \left[\int_0^1 h_2(\omega(\alpha(s), u(s), \beta(s))) \mathrm{d}s - k_2 u'''(1) \right].$$

由于 M^{-1} 是紧的, 我们考虑全连续算子

$$T_\lambda : (C^3[0, 1], \mathbb{R}) \longrightarrow (C^3[0, 1], \mathbb{R})$$

为

$$T_\lambda(u) = M^{-1} N_\lambda(u).$$

考虑集合

$$\Omega = \{u \in C^3([0, 1]) : \|u\|_\infty < M_1, \|u'\|_\infty < M_1, \|u''\|_\infty < M_1, \|u'''\|_\infty < M_2\}.$$

由引理 4.2.2 知, $u = T_0(u)$ 仅有平凡解. 于是有 $d(I - T_0, \Omega, 0) = \pm 1$. 再由同伦不变性得

$$d(I - T_0, \Omega, 0) = d(I - T_1, \Omega, 0) = \pm 1.$$

因此, 方程 $u = T_1(u)$ 即问题

$$(\phi(u'''(t)))' + f(t, \omega(\alpha(t), u(t), \beta(t)), \omega(\alpha'(t), u'(t), \beta'(t)),$$

$$\omega(\alpha''(t), u''(t), \beta''(t)), u'''(t))$$

$$= [u''(t) - \omega(\alpha''(t), u''(t), \beta''(t))]\Phi(|u'''(t)|), \tag{4.38}$$

$$\begin{aligned} u(0) &= u(1) = 0, \\ u''(0) &= \int_0^1 h_1(\omega(\alpha(t), u(t), \beta(t)))\mathrm{d}s + k_1 u'''(0), \\ u''(1) &= \int_0^1 h_2(\omega(\alpha(t), u(t), \beta(t)))\mathrm{d}s - k_2 u'''(1) \end{aligned} \tag{4.39}$$

在 Ω 上至少有一个解 $u_1(t)$.

步骤四, 证明函数 $u_1(t)$ 是问题 (4.22), (4.23) 的一个解.

只需证明函数 $u_1(t)$ 满足

$$\alpha(t) \leqslant u_1(t) \leqslant \beta(t),$$

$$\alpha'(t) \leqslant u_1'(t) \leqslant \beta'(t),$$

$$\alpha''(t) \leqslant u_1''(t) \leqslant \beta''(t).$$

假设存在一点 $t \in [0, 1]$, 使得 $u_1''(t) > \beta''(t)$, 并定义

$$\max_{t \in [0,1]} [u_1''(t) - \beta''(t)] := u_1''(s_0) - \beta''(s_0) \ (:= \widetilde{N} > 0). \tag{4.40}$$

(1) 若 $s_0 \in (0, 1)$, 则 $u_1'''(s_0) = \beta'''(s_0)$. 由 f 的连续性, 可以取到 $\gamma > 0$, 当 $|u_1'''(t) - \beta'''(t)| < \gamma$ 时, 有

$$|f(t, \beta(t), \beta'(t), \beta''(t), u_1'''(t)) - f(t, \beta(t), \beta'(t), \beta''(t), \beta'''(t))| < (\widetilde{N} - \gamma)a.$$

由 (4.40), 存在 $\widetilde{\theta} > 0$, 使得

$$|u_1'''(t) - \beta'''(t)| < \gamma, \quad u_1''(t) - \beta''(t) > \widetilde{N} - \gamma > 0, \quad t \in (s_0 - \widetilde{\theta}, s_0 + \widetilde{\theta}),$$

及存在 s_1, s_2, 使得

$$u_1'''(s_1) \geqslant \beta'''(s_1), \quad s_1 \in (s_0 - \widetilde{\theta}, s_0);$$

$$u_1'''(s_2) \leqslant \beta'''(s_2), \quad s_2 \in (s_0, s_0 + \widetilde{\theta}).$$

于是对于 $t \in [s_1, s_2]$, 有

$$\begin{aligned}
(\phi(u_1'''(t)))' - (\phi(\beta'''(t)))' \geqslant &-f(t, \omega(\alpha(t), u_1(t), \beta(t)), \omega(\alpha'(t), u_1'(t), \beta'(t)), \\
&\omega(\alpha''(t), u_1''(t), \beta''(t)), u_1'''(t)) \\
&+ [u_1''(t) - \omega(\alpha''(t), u_1''(t), \beta''(t))]\Phi(|u_1'''(t)|) \\
&+ f(t, \beta(t), \beta'(t), \beta''(t), \beta'''(t)) \\
= &-f(t, \omega(\alpha(t), u_1(t), \beta(t)), \omega(\alpha'(t), u_1'(t), \beta'(t)), \\
&\beta''(t), u_1'''(t)) + [u_1''(t) - \beta''(t)]\Phi(|u_1'''(t)|) \\
&+ f(t, \beta(t), \beta'(t), \beta''(t), \beta'''(t)) \\
\geqslant &-f(t, \beta(t), \beta'(t), \beta''(t), u_1'''(t)) \\
&+ [u_1''(t) - \beta''(t)]\Phi(|u_1'''(t)|) \\
&+ f(t, \beta(t), \beta'(t), \beta''(t), \beta'''(t)) \\
> &-(\widetilde{N} - \gamma)a + (\widetilde{N} - \gamma)\Phi(|u_1'''(t)|) \\
= &(\widetilde{N} - \gamma)(\Phi(|u_1'''(t)|) - a) \geqslant 0.
\end{aligned}$$

但对于 $t \in [s_1, s_2]$, 有

$$\int_{s_1}^{s_2} [(\phi(u_1'''(t)))' - (\phi(\beta_1'''(t)))']dt$$

$$=\phi(u_1'''(s_2)) - \phi(u_1'''(s_1)) - \phi(\beta_1'''(s_2)) + \phi(\beta_1'''(s_1))$$

$$=\phi(u_1'''(s_2)) - \phi(\beta_1'''(s_2)) - (\phi(u_1'''(s_1)) - \phi(\beta_1'''(s_1)))$$

$$\leqslant 0,$$

矛盾.

(2) 若 $s_0 = 0$, 则

$$\max_{t \in [0,1]} [u_1''(t) - \beta''(t)] = u_1''(0) - \beta''(0) > 0,$$

$$u_1'''(0^+) - \beta'''(0^+) = u_1'''(0) - \beta'''(0) \leqslant 0.$$

应用 (4.39) 和定义 4.2.1(ii) 可得

$$\beta''(0) < u_1''(0) \quad = \int_0^1 h_1(\omega(\alpha(s), u_1(s), \beta(s))) \mathrm{d}s + k_1 u_1'''(0)$$

$$\leqslant \int_0^1 h_1(\beta(s)) \mathrm{d}s + k_1 \beta'''(0)$$

$$\leqslant \beta''(0),$$

故 $s_0 \neq 0$.

(3) 若 $s_0 = 1$, 则

$$\max_{t \in [0,1]} [u_1''(t) - \beta''(t)] = u_1''(1) - \beta''(1) > 0,$$

$$u_1'''(1^-) - \beta'''(1^-) = u_1'''(1) - \beta'''(1) \geqslant 0.$$

应用 (4.39) 和定义 4.2.1 (ii) 可得

$$\beta''(1) < u_1''(1) \quad = \int_0^1 h_2(\omega(\alpha(s), u_1(s), \beta(s))) \mathrm{d}s - k_2 u_1'''(1)$$

$$\leqslant \int_0^1 h_2(\beta(s)) \mathrm{d}s - k_2 \beta'''(1)$$

$$\leqslant \beta''(1),$$

故 $s_0 \neq 1$. 所以 $u_1''(t) \leqslant \beta''(t)$, $t \in [0,1]$.

同理可证 $\alpha''(t) \leqslant u_1''(t)$, $t \in [0,1]$. 综上,

$$\alpha''(t) \leqslant u_1''(t) \leqslant \beta''(t), \quad t \in [0,1]. \tag{4.41}$$

另一方面, 由 (4.39),

$$0 = u_1(1) - u_1(0) = \int_0^1 u_1'(t)\mathrm{d}t$$

$$= \int_0^1 (u_1'(0) + \int_0^t u_1''(s)\mathrm{d}s)\mathrm{d}t$$

$$= u_1'(0) + \int_0^1 \int_0^t u_1''(s)\mathrm{d}s\mathrm{d}t. \tag{4.42}$$

整理得

$$u_1'(0) = -\int_0^1 \int_0^t u_1''(s)\mathrm{d}s\mathrm{d}t. \tag{4.43}$$

应用类似技巧可得

$$-\int_0^1 \int_0^t \beta''(s)\mathrm{d}s\mathrm{d}t = -\int_0^1 \beta'(t)\mathrm{d}t + \beta'(0) = \beta(0) - \beta(1) + \beta'(0).$$

由定义 4.2.1 (iii), (4.41) 和 (4.42), 有

$$\alpha'(0) \leqslant \beta'(0) - \beta(1) + \beta(0)$$

$$= -\int_0^1 \int_0^t \beta''(s)\mathrm{d}s\mathrm{d}t$$

$$\leqslant -\int_0^1 \int_0^t u_1''(s)\mathrm{d}s\mathrm{d}t = u_1'(0),$$

$$\beta'(0) \geqslant \alpha'(0) - \alpha(1) + \alpha(0)$$

$$= -\int_0^1 \int_0^t \alpha''(s)\mathrm{d}s\mathrm{d}t$$

$$\geqslant -\int_0^1 \int_0^t u_1''(s)\mathrm{d}s\mathrm{d}t = u_1'(0),$$

即

$$\alpha'(0) \leqslant u_1'(0) \leqslant \beta'(0). \tag{4.44}$$

再由 (4.41) 知, $\beta'(t) - u_1'(t)$ 是单调不减的, 则有

$$\beta'(t) - u_1'(t) \geqslant \beta'(0) - u_1'(0) \geqslant 0,$$

即对于 $t \in [0,1]$, $\beta'(t) \geqslant u_1'(t)$. 同样由 $\beta(t) - u_1(t)$ 的单调性知,

$$\beta(t) - u_1(t) \geqslant \beta(0) - u_1(0) = \beta(0) \geqslant 0,$$

即对于 $t \in [0,1]$, $\beta(t) \geqslant u_1(t)$.

同理可证, $u_1'(t) \geqslant \alpha'(t)$ 和 $u_1(t) \geqslant \alpha(t)$. 故 $u_1(t)$ 是问题 (4.22), (4.23) 的一个解. 证毕.

例 4.2.1　考虑问题

$$(|u'''|u''')'(t) + \mathrm{e}^{u(t)} + \arctan(u'(t)) - 2(u''(t))^3 + \sin(u'''(t)) = 0, \tag{4.45}$$

$$u(0) = u(1) = 0,$$

$$u''(0) - k_1 u'''(0) = \int_0^1 u^3(s)\mathrm{d}s, \tag{4.46}$$

$$u''(1) + k_2 u'''(1) = \int_0^1 u^3(s)\mathrm{d}s,$$

其中 $k_1, k_2 \geqslant 0$, $p > 1$. 令

$$f(t, x_0, x_1, x_2, x_3) = \mathrm{e}^{x_0} + \arctan(x_1) - 2(x_2)^3 + \sin x_4.$$

容易看出, $\alpha(t) = -t^2 - t$, $\beta(t) = t^2 + t$ 是边值问题 (4.45), (4.46) 的一对上下解. f 在 $[0,1] \times \mathbb{R}^4$ 上连续, 且当 $\alpha(t) \leqslant x_0(t) \leqslant \beta(t)$, $\alpha'(t) \leqslant x_1(t) \leqslant \beta'(t)$, $t \in [0,1]$ 时, f 关于 x_0, x_1 单调递增. 此外, f 在

$$D = \{(t, x_0, x_1, x_2, x_3) \in [0,1] \times \mathbb{R}^4 : -t^2 - t \leqslant x_0 \leqslant t^2 + t,$$

$$-2t - 1 \leqslant x_1 \leqslant 2t + 1, \quad -2 \leqslant x_2 \leqslant 2\}$$

上满足 Nagumo 条件. 由定理 4.2.1 知, 问题 (4.45), (4.46) 至少存在一个解 $u(t)$, 且对于 $t \in [0,1]$, 有

$$-t^2 - t \leqslant u(t) \leqslant t^2 + t, \quad -2t - 1 \leqslant u'(t) \leqslant 2t + 1, \quad -2 \leqslant u''(t) \leqslant 2, \quad t \in [0,1].$$

由于方法所限, 我们对非线性项 f 以及加权函数 $h_i(i = 1, 2)$ 加上了技术条件. 今后可以尝试新的技巧与办法, 减弱或者去掉这些技术性限制.

4.3 具积分边值条件奇异四阶耦合常微分方程组

本节研究具积分边值条件奇异四阶耦合常微分方程组问题:

$$
\begin{aligned}
& u^{(4)}(t) = \omega_1(t) f(t, v(t), v''(t)), \quad t \in (0,1), \\
& v^{(4)}(t) = \omega_2(t) g(t, u(t), u''(t)), \quad t \in (0,1), \\
& u(0) = u(1) = \int_0^1 g_1(s) u(s) \mathrm{d}s, \\
& u''(0) = u''(1) = \int_0^1 h_1(s) u''(s) \mathrm{d}s, \\
& v(0) = v(1) = \int_0^1 g_2(s) v(s) \mathrm{d}s, \\
& v''(0) = v''(1) = \int_0^1 h_2(s) v''(s) \mathrm{d}s,
\end{aligned}
\tag{4.47}
$$

其中 $f, g \in C[[0,1] \times [0, +\infty) \times (-\infty, 0], [0, +\infty)]$, ω_1, ω_2 可能在 $t = 0$ 或 $t = 1$ 奇异, $g_i(s), h_i(s) \in L^1[0,1]$, $i = 1, 2$, 且非负.

前两节问题主要采用上下解方法及拓扑度理论得到解的存在性, 本节主要运用 Guo-Krasnoselskii 不动点定理进行论证解的存在性及多解性. 再有 ω_1, ω_2 可能在 $t = 0$ 或 $t = 1$ 奇异, 这与前面问题不同, 同时也增加了此问题解决的难度.

4.3.1 准备工作

$f, g, \omega_i, g_i, h_i, i = 1, 2$ 满足如下假设:

(H_1) f, $g \in C[[0,1] \times [0, +\infty) \times (-\infty, 0], [0, +\infty)]$, $g(t, 0, 0) = 0$, $t \in [0,1]$, $\omega_i \in C[(0,1), [0, +\infty)]$, 且满足 $0 < \int_0^1 \omega_i(s) \mathrm{d}s < +\infty$, $g_i, h_i \in L^1[0,1]$ 非负, $\mu_i, \nu_i \in (0,1)$, $\mu_i = \int_0^1 g_i(s) \mathrm{d}s, \nu_i = \int_0^1 h_i(s) \mathrm{d}s, i = 1, 2$.

(H_2) 存在 $r_1, r_2 \in (0, +\infty)$, $r_1 r_2 \geqslant 1$ 满足

$$
\lim_{|x| + |y| \longrightarrow 0^+} \sup \max_{t \in [0,1]} \frac{f(t, x, y)}{(|x| + |y|)^{r_1}} < +\infty,
$$

$$
\lim_{|x| + |y| \longrightarrow 0^+} \sup \max_{t \in [0,1]} \frac{g(t, x, y)}{(|x| + |y|)^{r_2}} = 0.
$$

(H$_3$) 存在 $l_1, l_2 \in (0, +\infty)$, $l_1 l_2 \geqslant 1$ 满足

$$\lim_{|x|+|y| \longrightarrow +\infty} \inf \min_{t \in [0,1]} \frac{f(t,x,y)}{(|x|+|y|)^{l_1}} > 0,$$

$$\lim_{|x|+|y| \longrightarrow +\infty} \inf \min_{t \in [0,1]} \frac{g(t,x,y)}{(|x|+|y|)^{l_2}} = +\infty.$$

(H$_4$) 存在 $\alpha_1, \alpha_2 \in (0, +\infty)$, $\alpha_1 \alpha_2 \leqslant 1$ 满足

$$\lim_{|x|+|y| \longrightarrow +\infty} \sup \max_{t \in [0,1]} \frac{f(t,x,y)}{(|x|+|y|)^{\alpha_1}} < +\infty,$$

$$\lim_{|x|+|y| \longrightarrow +\infty} \sup \max_{t \in [0,1]} \frac{g(t,x,y)}{(|x|+|y|)^{\alpha_2}} = 0.$$

(H$_5$) 存在 $\beta_1, \beta_2 \in (0, +\infty)$, $\beta_1 \beta_2 \leqslant 1$ 满足

$$\lim_{|x|+|y| \longrightarrow 0^+} \inf \min_{t \in [0,1]} \frac{f(t,x,y)}{(|x|+|y|)^{\beta_1}} > 0,$$

$$\lim_{|x|+|y| \longrightarrow 0^+} \inf \min_{t \in [0,1]} \frac{g(t,x,y)}{(|x|+|y|)^{\beta_2}} = +\infty.$$

(H$_6$) 存在常数 $L > 0$, 使得

$$\sup_{(t,x,y) \in [0,1] \times [0,L_1] \times [-L_2,0]} f(t,x,y) \leqslant \frac{L}{2a},$$

其中

$$L_1 = \frac{M_0}{6} \gamma_2 \gamma_2^1 \int_0^1 e(\eta) \omega_2(\eta) \mathrm{d}\eta, \quad L_2 = \gamma_2^1 M_0 \int_0^1 e(\eta) \omega_2(\eta) \mathrm{d}\eta,$$

$$M_0 = \sup_{\substack{0 \leqslant |x|+|y| \leqslant L, \\ t \in [0,1]}} g(t,x,y), \quad a = \max \left\{ \frac{\gamma_1 \gamma_1^1}{6} \int_0^1 e(\tau) \omega_1(\tau) \mathrm{d}\tau, \ \gamma_1^1 \int_0^1 e(\tau) \omega_1(\tau) \mathrm{d}\tau \right\},$$

$$\gamma_i = \frac{1}{1-\mu_i}, \quad \gamma_i^1 = \frac{1}{1-\nu_i}, \quad i = 1, 2.$$

定义 Banach 空间 $E = C^2[0,1]$ 的范数为 $\|u\|_2 = \|u\| + \|u''\|$, 其中 $\|u\| = \max_{t \in [0,1]} |u(t)|$, $\|u''\| = \max_{t \in [0,1]} |u''(t)|$. 集合 $K = \{u \in C^2[0,1], u \geqslant 0, u'' \leqslant 0, \min_{t \in [0,1]} u(t) \geqslant \delta\|u\|, \max_{t \in [0,1]} u''(t) \leqslant -\delta\|u''\|\}$, δ 将在后面给出. 可见 K 是 E 上的一个锥, 且 $|u(t)| + |u''(t)| \geqslant \delta\|u\|_2$, $t \in [0,1]$, $u \in K$.

为了给出方程组的等价积分形式, 我们先讨论下面的方程问题:

$$x^{(4)}(t) = w(t), \quad t \in (0,1), \tag{a}$$

$$x(0) = x(1) = \int_0^1 g(s)x(s)\mathrm{d}s, \quad x''(0) = x''(1) = \int_0^1 h(s)x''(s)\mathrm{d}s, \tag{b}$$

设 $y(t) = x''(t)$, 考察方程

$$y''(t) = w(t), \quad t \in (0,1), \tag{c}$$

$$y(0) = y(1) = \int_0^1 h(s)y(s)\mathrm{d}s, \tag{d}$$

(c) 式两端从 0 到 t 积分, 得

$$y'(t) - y'(0) = \int_0^t w(s)\mathrm{d}s,$$

再次对上式两端从 0 到 t 积分, 得

$$y(t) = y(0) + ty'(0) + \int_0^t \int_0^r w(s)\mathrm{d}s\mathrm{d}r.$$

令 $t = 1$, 得

$$y(1) = y(0) + y'(0) + \int_0^1 \int_0^r w(s)\mathrm{d}s\mathrm{d}r,$$

由边值条件 (d) 得

$$y'(0) = -\int_0^1 \int_0^r w(s)\mathrm{d}s\mathrm{d}r.$$

根据上式及边值条件, 计算得

$$y(t) = \int_0^1 h(s)y(s)\mathrm{d}s - t\int_0^1 \int_0^r w(s)\mathrm{d}s\mathrm{d}r + \int_0^t \int_0^r w(s)\mathrm{d}s\mathrm{d}r,$$

交换积分次序得

$$y(t) = \int_0^1 h(s)y(s)\mathrm{d}s - \int_0^1 t(1-s)w(s)\mathrm{d}s + \int_0^t (t-s)w(s)\mathrm{d}s.$$

令

$$M(t,s) = \begin{cases} t(1-s), & 0 \leqslant t < s \leqslant 1, \\ s(1-t), & 0 \leqslant s \leqslant t \leqslant 1, \end{cases}$$

则 $y(t)$ 可以表示为

$$y(t) = \int_0^1 h(s)y(s)\mathrm{d}s - \int_0^1 M(t,s)w(s)\mathrm{d}s.$$

注意到

$$\int_0^1 h(s)y(s)\mathrm{d}s = \int_0^1 h(s)\left[\int_0^1 h(\tau)y(\tau)\mathrm{d}\tau - \int_0^1 M(s,\tau)w(\tau)\mathrm{d}\tau\right]\mathrm{d}s$$

$$= \int_0^1 h(\tau)y(\tau)\mathrm{d}\tau \int_0^1 h(s)\mathrm{d}s - \int_0^1\int_0^1 h(s)M(s,\tau)w(\tau)\mathrm{d}\tau\mathrm{d}s,$$

移项解得

$$\int_0^1 h(s)y(s)\mathrm{d}s = -\frac{1}{1-\displaystyle\int_0^1 h(s)\mathrm{d}s}\int_0^1\int_0^1 h(s)M(s,\tau)w(\tau)\mathrm{d}\tau\mathrm{d}s.$$

将上式代入到 $y(t)$, 整理得

$$y(t) = -\frac{1}{1-\displaystyle\int_0^1 h(s)\mathrm{d}s}\int_0^1\int_0^1 h(s)M(s,\tau)w(\tau)\mathrm{d}\tau\mathrm{d}s - \int_0^1 M(t,s)w(s)\mathrm{d}s$$

$$= -\int_0^1\left(M(t,s) + \frac{1}{1-\displaystyle\int_0^1 h(\tau)\mathrm{d}\tau}\int_0^1 h(\tau)M(\tau,s)\mathrm{d}\tau\right)w(s)\mathrm{d}s.$$

令 $N(t,s) = M(t,s) + \dfrac{1}{1-\displaystyle\int_0^1 h(\tau)\mathrm{d}\tau}\displaystyle\int_0^1 h(\tau)M(\tau,s)\mathrm{d}\tau$, 则 $y(t)$ 表示为

$$y(t) = -\int_0^1 N(t,s)w(s)\mathrm{d}s.$$

接下来, 我们考察方程

$$x''(t) = y(t),$$
$$x(0) = x(1) = \int_0^1 g(s)x(s)\mathrm{d}s,$$

根据方程 (c), (d) 的求解, 显然有

$$x(t) = -\int_0^1 N(t,s)y(s)\mathrm{d}s.$$

将 $y(t)$ 代入, 整理得

$$x(t) = \int_0^1 \int_0^1 N(t,s)N(s,\tau)w(\tau)\mathrm{d}\tau\mathrm{d}s,$$

即此 $x(t)$ 为问题 (a), (b) 的解.

依据上面问题的推导, 有 $(u,v) \in C^4(0,1) \times C^4(0,1)$ 是问题 (4.47) 的解当且仅当 $(u,v) \in C^2[0,1] \times C^2[0,1]$ 是如下非线性积分方程组的解.

$$u(t) = \int_0^1 \int_0^1 K_1(t,s)G_1(s,\tau)\omega_1(\tau)f(\tau,v(\tau),v''(\tau))\mathrm{d}\tau\mathrm{d}s, \quad t \in [0,1],$$

$$\tag{4.48}$$

$$v(t) = \int_0^1 \int_0^1 K_2(t,s)G_2(s,\tau)\omega_2(\tau)g(\tau,u(\tau),u''(\tau))\mathrm{d}\tau\mathrm{d}s, \quad t \in [0,1],$$

其中

$$G(t,s) = \begin{cases} t(1-s), & 0 \leqslant t < s \leqslant 1, \\ s(1-t), & 0 \leqslant s \leqslant t \leqslant 1, \end{cases}$$

$$K_i(t,s) = G(t,s) + \frac{1}{1-\mu_i}\int_0^1 G(s,\tau)g_i(\tau)\mathrm{d}\tau,$$

$$G_i(t,s) = G(t,s) + \frac{1}{1-\nu_i}\int_0^1 G(s,\tau)h_i(\tau)\mathrm{d}\tau,$$

且 $\mu_i, \nu_i, \; i = 1,2$ 同 (H_1) 中的定义. 由 (4.48), 对所有的 $t \in [0,1]$, 可得

$$u(t) = \int_0^1 \int_0^1 K_1(t,s)G_1(s,\tau)\omega_1(\tau)f\Big(\tau, \int_0^1 \int_0^1 K_2(\tau,\xi)G_2(\xi,\eta)\omega_2(\eta)g(\eta,u(\eta),$$

$$u''(\eta))\mathrm{d}\eta\mathrm{d}\xi, -\int_0^1 G_2(\tau,\xi)\omega_2(\xi)g(\xi,u(\xi),u''(\xi))\mathrm{d}\xi\Big)\mathrm{d}\tau\mathrm{d}s. \tag{4.49}$$

根据 $G(t,s), G_i(t,s), K_i(t,s), i = 1,2$ 的定义, 可以得到如下命题.

命题 4.3.1[105]　　假设 (H_1) 成立, 则有

$$G(t,s) > 0, \quad K_i(t,s) > 0, \quad G_i(t,s) > 0, \quad t,s \in (0,1),$$

$$G(t,s) \geqslant 0, \quad K_i(t,s) \geqslant 0, \quad G_i(t,s) \geqslant 0, \quad t,s \in [0,1].$$

命题 4.3.2[105]　假设 (H$_1$) 成立, 则对 $\forall t,s \in [0,1]$, 有

$$e(t)e(s) \leqslant G(t,s) \leqslant e(s) = e(t) \leqslant \frac{1}{4},$$

$$\rho_i e(s) \leqslant K_i(t,s) \leqslant \gamma_i e(s) \leqslant \frac{1}{4}\gamma_i,$$

$$\rho_i^1 e(s) \leqslant G_i(t,s) \leqslant \gamma_i^1 e(s) \leqslant \frac{1}{4}\gamma_i^1,$$

其中 $\rho_i = \dfrac{\displaystyle\int_0^1 e(\xi)g_i(\xi)\mathrm{d}\xi}{1-\mu_i}, \rho_i^1 = \dfrac{\displaystyle\int_0^1 e(\xi)h_i(\xi)\mathrm{d}\xi}{1-\nu_i}, e(s) = s(1-s).$

定义积分算子 $T: E \longrightarrow E$ 为

$$(Tu)(t) = \int_0^1 \int_0^1 K_1(t,s)G_1(s,\tau)\omega_1(\tau)f\bigg(\tau, \int_0^1 \int_0^1 K_2(\tau,\xi)G_2(\xi,\eta)\omega_2(\eta)g(\eta,u(\eta),$$

$$u''(\eta))\mathrm{d}\eta\mathrm{d}\xi, -\int_0^1 G_2(\tau,\xi)\omega_2(\xi)g(\xi,u(\xi),u''(\xi))\mathrm{d}\xi\bigg)\mathrm{d}\tau\mathrm{d}s. \tag{4.50}$$

则 $u \in C^2[0,1]$ 是积分算子 T 的一个不动点当且仅当 $u \in C^2[0,1] \cap C^4(0,1)$ 是问题 (4.49) 的解.

为了获得问题 (4.47) 的正解, 还需要下面的引理.

引理 4.3.1　假设 (H$_1$) 成立, 令 $\delta = \min\left\{\dfrac{\rho_1 \rho_1^1}{\gamma_1 \gamma_1^1}, \dfrac{\rho_1^1}{\gamma_1^1}\right\}$, 若 $u \in K$, 则有 $T(u) \in K$.

证明　由 $G(t,s), K_i(t,s), G_i(t,s)$ 的性质和 $f, g, \omega_i, i = 1,2$ 的连续性知, 若 $u \in C^2[0,1]$, 则 $Tu \in C^2[0,1]$, 且

$$(Tu)''(t) = -\int_0^1 G_1(t,\tau)\omega_1(\tau)f\bigg(\tau, \int_0^1 \int_0^1 K_2(\tau,\xi)G_2(\xi,\eta)\omega_2(\eta)g(\eta,u(\eta),$$

$$u''(\eta))\mathrm{d}\eta\mathrm{d}\xi, -\int_0^1 G_2(\tau,\xi)\omega_2(\xi)g(\xi,u(\xi),u''(\xi))\mathrm{d}\xi\bigg)\mathrm{d}\tau. \tag{4.51}$$

由 (4.50) 和 (4.51), 易得 $(Tu)(t) \geqslant 0$, $(Tu)''(t) \leqslant 0$, $u \in K$. 由命题 4.3.2, 得

$$\|(Tu)(t)\| \leqslant \gamma_1 \gamma_1^1 \int_0^1 \int_0^1 e(s)e(\tau)\omega_1(\tau)f\left(\tau, \int_0^1 \int_0^1 K_2(\tau,\xi)G_2(\xi,\eta)\omega_2(\eta)\right.$$

$$\left. g(\eta,u(\eta),u''(\eta))\mathrm{d}\eta\mathrm{d}\xi, \int_0^1 G_2(\tau,\xi)\omega_2(\xi)g(\xi,u(\xi),u''(\xi))\mathrm{d}\xi\right)\mathrm{d}\tau\mathrm{d}s,$$

$$\|(Tu)''(t)\| \leqslant \gamma_1^1 \int_0^1 e(\tau)\omega_1(\tau)f\left(\tau, \int_0^1 \int_0^1 K_2(\tau,\xi)G_2(\xi,\eta)\omega_2(\eta)\right.$$

$$\left. g(\eta,u(\eta),u''(\eta))\mathrm{d}\eta\mathrm{d}\xi, -\int_0^1 G_2(\tau,\xi)\omega_2(\xi)g(\xi,u(\xi),u''(\xi))\mathrm{d}\xi\right)\mathrm{d}\tau,$$

$$\min_{t\in[0,1]}(Tu)(t) \geqslant \rho_1\rho_1^1 \int_0^1 \int_0^1 e(s)e(\tau)\omega_1(\tau)f\left(\tau, \int_0^1 \int_0^1 K_2(\tau,\xi)G_2(\xi,\eta)\omega_2(\eta)g(\eta,u(\eta),\right.$$

$$\left. u''(\eta))\mathrm{d}\eta\mathrm{d}\xi, -\int_0^1 G_2(\tau,\xi)\omega_2(\xi)g(\xi,u(\xi),u''(\xi))\mathrm{d}\xi\right)\mathrm{d}\tau\mathrm{d}s$$

$$\geqslant \delta\|(Tu)(t)\|,$$

$$\max_{t\in[0,1]}(Tu)''(t) \leqslant -\rho_1^1 \int_0^1 e(\tau)\omega_1(\tau)f\left(\tau, \int_0^1 \int_0^1 K_2(\tau,\xi)G_2(\xi,\eta)\omega_2(\eta)g(\eta,u(\eta),\right.$$

$$\left. u''(\eta))\mathrm{d}\eta\mathrm{d}\xi, -\int_0^1 G_2(\tau,\xi)\omega_2(\xi)g(\xi,u(\xi),u''(\xi))\mathrm{d}\xi\right)\mathrm{d}\tau$$

$$\leqslant -\delta\|(Tu)''(t)\|,$$

这里 $\delta = \min\left\{\dfrac{\rho_1\rho_1^1}{\gamma_1\gamma_1^1}, \dfrac{\rho_1^1}{\gamma_1^1}\right\}$, $0 < \delta < 1$. 因此, $T(u) \in K$, $|(Tu)(t)| + |(Tu)''(t)| \geqslant$

$\delta\|Tu\|_2$, $u \in K$, $t \in [0,1]$.

引理 4.3.2 假设 (H$_1$) 成立, 则算子 $T: K \longrightarrow K$ 全连续.

证明 令 $D \subset K$ 是一有界子集, 则存在 $M > 0$, 使得 $u \in D$, 有 $\|u\|_2 \leqslant M$. 由假设 (H$_1$) 和命题 4.3.2, 得

$$0 \leqslant \int_0^1 \int_0^1 K_2(\tau,\xi)G_2(\xi,\eta)\omega_2(\eta)g(\eta,u(\eta),u''(\eta))\mathrm{d}\eta\mathrm{d}\xi$$

$$\leqslant \frac{\gamma_2\gamma_2^1}{16} \int_0^1 \omega_2(\eta)g(\eta,u(\eta),u''(\eta))\mathrm{d}\eta\mathrm{d}\xi$$

$$\leqslant \frac{\gamma_2\gamma_2^1}{16}M_1 \int_0^1 \omega_2(\eta)\mathrm{d}\eta \leqslant M_1^1$$

和

$$0 \geqslant -\int_0^1 G_2(\tau,\xi)\omega_2(\xi)g(\xi,u(\xi),u''(\xi))\mathrm{d}\xi$$

$$\geqslant -\frac{\gamma_2^1}{4}\int_0^1 \omega_2(\xi)g(\xi,u(\xi),u''(\xi))\mathrm{d}\xi$$

$$\geqslant -\frac{\gamma_2^1}{4}M_1\int_0^1 \omega_2(\xi)\mathrm{d}\xi \geqslant -M_1^1,$$

其中 $M_1 = \sup\limits_{\substack{|x|+|y|\in[0,M],\\ t\in[0,1]}} g(t,x,y)$, $M_1^1 = \max\left\{\dfrac{\gamma_2\gamma_2^1}{16}M_1\int_0^1 \omega_2(\eta)\mathrm{d}\eta, \dfrac{\gamma_2^1}{4}M_1\int_0^1 \omega_2(\eta)\mathrm{d}\eta\right\}$.

进而有

$$|(Tu)(t)| \leqslant \frac{\gamma_1\gamma_1^1}{16}\int_0^1 \omega_1(\tau)f\left(\tau,\int_0^1\int_0^1 K_2(\tau,\xi)G_2(\xi,\eta)\omega_2(\eta)g(\eta,u(\eta),u''(\eta))\mathrm{d}\eta\mathrm{d}\xi,\right.$$

$$\left. -\int_0^1 G_2(\tau,\xi)\omega_2(\xi)g(\xi,u(\xi),u''(\xi))\mathrm{d}\xi\right)\mathrm{d}\tau$$

$$\leqslant \frac{\gamma_1\gamma_1^1}{16}M_2\int_0^1 \omega_1(\tau)\mathrm{d}\tau < +\infty,$$

$$|(Tu)'(t)| \leqslant \frac{3\gamma_1^1}{8}\int_0^1 \omega_1(\tau)f\left(\tau,\int_0^1\int_0^1 K_2(\tau,\xi)G_2(\xi,\eta)\omega_2(\eta)g(\eta,u(\eta),u''(\eta))\mathrm{d}\eta\mathrm{d}\xi,\right.$$

$$\left. -\int_0^1 G_2(\tau,\xi)\omega_2(\xi)g(\xi,u(\xi),u''(\xi))\mathrm{d}\xi\right)\mathrm{d}\tau$$

$$\leqslant \frac{3\gamma_1^1}{8}M_2\int_0^1 \omega_1(\tau)\mathrm{d}\tau < +\infty, \tag{4.52}$$

$$|(Tu)''(t)| \leqslant \frac{\gamma_1^1}{4}\int_0^1 \omega_1(\tau)f\left(\tau,\int_0^1\int_0^1 K_2(\tau,\xi)G_2(\xi,\eta)\omega_2(\eta)g(\eta,u(\eta),u''(\eta))\mathrm{d}\eta\mathrm{d}\xi,\right.$$

$$\left. -\int_0^1 G_2(\tau,\xi)\omega_2(\xi)g(\xi,u(\xi),u''(\xi))\mathrm{d}\xi\right)\mathrm{d}\tau$$

$$\leqslant \frac{\gamma_1^1}{4}M_2\int_0^1 \omega_1(\tau)\mathrm{d}\tau < +\infty,$$

其中 $M_2 = \sup\limits_{(t,x,y)\in[0,1]\times[0,M_1^1]\times[-M_1^1,0]} f(t,x,y)$. 因此, 算子 T 将有界集 D 映成有界集.

对 $\forall t\in(0,1)$, $u\in D$, 有

$$|(Tu)'''(t)| \leqslant M_2\int_0^1 (1+\tau)\omega_1(\tau)\mathrm{d}\tau < +\infty, \tag{4.53}$$

其中 M_2 如上定义. 由 (4.52), (4.53), 当 $0 \leqslant t_1 \leqslant t_2 \leqslant 1$, $u \in D$, 有

$$
\begin{aligned}
|(Tu)(t_2) - (Tu)(t_1)| &= \left| \int_{t_1}^{t_2} (Tu)'(s)\mathrm{d}s \right| \\
&\leqslant \frac{3\gamma_1^1}{8} M_2 \int_0^1 \omega_1(\tau)\mathrm{d}\tau |t_2 - t_1|, \\
|(Tu)''(t_2) - (Tu)''(t_1)| &= \left| \int_{t_1}^{t_2} (Tu)'''(s)\mathrm{d}s \right| \\
&\leqslant M_2 \int_0^1 (1+\tau)\omega_1(\tau)\mathrm{d}\tau |t_2 - t_1|.
\end{aligned}
$$

因此, $T(D)$ 等度连续的. 另外, 由 T 的定义, 易得 T 是连续的. 应用 Ascoli-Arzelà 定理得, T 是全连续的.

4.3.2 主要结果

定理 4.3.1 假设 (H_1)—(H_3) 成立, 则问题(4.47)至少存在一个正解 $(u(t), v(t))$.

证明 由 (H_1), 存在 $c_1 > 0$, $\varepsilon_1 \in (0,1)$, $\theta \in (0,1)$, 使得

$$
\begin{aligned}
f(t, u, u'') &\leqslant c_1(|u| + |u''|)^{r_1}, \quad t \in [0,1], \\
g(t, u, u'') &\leqslant \varepsilon_1(|u| + |u''|)^{r_2}, \quad t \in [0,1],
\end{aligned}
\tag{4.54}
$$

满足

$$
\begin{aligned}
&\varepsilon_1 \frac{\gamma_2^1}{4}\left(\frac{\gamma_2}{4}+1\right)\int_0^1 \omega_2(\eta)\mathrm{d}\eta \leqslant 1, \\
&c_1 \varepsilon_1^{r_1} \frac{\gamma_1 \gamma_1^1}{16}\left[\frac{\gamma_2^1}{4}\left(\frac{\gamma_2}{4}+1\right)\int_0^1 \omega_2(\eta)\mathrm{d}\eta\right]^{r_1}\int_0^1 \omega_1(\tau)\mathrm{d}\tau \leqslant \frac{1}{2}, \\
&c_1 \varepsilon_1^{r_1} \frac{\gamma_1^1}{4}\left[\frac{\gamma_2^1}{4}\left(\frac{\gamma_2}{4}+1\right)\int_0^1 \omega_2(\eta)\mathrm{d}\eta\right]^{r_1}\int_0^1 \omega_1(\tau)\mathrm{d}\tau \leqslant \frac{1}{2}.
\end{aligned}
\tag{4.55}
$$

令集合 $\Omega_1 = \{u \in E, \|u\|_2 \leqslant \theta\}$, 对所有 $u \in K \cap \partial\Omega_1, \tau \in [0,1]$, 可得

$$
\begin{aligned}
&\left| \int_0^1 \int_0^1 K_2(\tau, \xi)G_2(\xi, \eta)\omega_2(\eta)g(\eta, u(\eta), u''(\eta))\mathrm{d}\eta\mathrm{d}\xi \right| \\
&+ \left| -\int_0^1 G_2(\tau, \xi)\omega_2(\xi)g(\xi, u(\xi), u''(\xi))\mathrm{d}\xi \right|
\end{aligned}
$$

$$\leqslant \varepsilon_1 \left[\int_0^1 \int_0^1 K_2(\tau,\xi) G_2(\xi,\eta) \omega_2(\eta) (|u(\eta)| + |u''(\eta)|)^{r_2} \mathrm{d}\eta \mathrm{d}\xi \right.$$

$$\left. + \int_0^1 G_2(\tau,\xi) \omega_2(\xi) (|u(\xi)| + |u''(\xi)|)^{r_2} \mathrm{d}\xi \right]$$

$$\leqslant \varepsilon_1 \left(\frac{\gamma_2 \gamma_2^1}{16} + \frac{\gamma_2^1}{4} \right) \int_0^1 \omega_2(\eta) \mathrm{d}\eta \|u\|_2^{r_2}$$

$$\leqslant \|u\|_2^{r_2} = \theta^{r_2} < 1.$$

再由 (4.54), (4.55) 和命题 4.3.2, 得

$$|(Tu)(t)| \leqslant c_1 \int_0^1 \int_0^1 K_1(t,s) G_1(s,\tau) \omega_1(\tau)$$

$$\cdot \left(\left| \int_0^1 \int_0^1 K_2(\tau,\xi) G_2(\xi,\eta) \omega_2(\eta) g(\eta, u(\eta), u''(\eta)) \mathrm{d}\eta \mathrm{d}\xi \right| \right.$$

$$\left. + \left| \int_0^1 G_2(\tau,\xi) \omega_2(\xi) g(\xi, u(\xi), u''(\xi)) \mathrm{d}\xi \right| \right)^{r_1} \mathrm{d}\tau \mathrm{d}s$$

$$\leqslant c_1 \varepsilon_1^{r_1} \frac{\gamma_1 \gamma_1^1}{16} \left[\frac{\gamma_2^1}{4} \left(\frac{\gamma_2}{4} + 1 \right) \right]^{r_1} \left(\int_0^1 \omega_2(\eta) \mathrm{d}\eta \right)^{r_1} \|u\|_2^{r_1 r_2} \int_0^1 \omega_1(\tau) \mathrm{d}\tau$$

$$\leqslant \frac{1}{2} \|u\|_2,$$

$$|(Tu)''(t)| \leqslant c_1 \int_0^1 G_1(t,\tau) \omega_1(\tau) \left(\left| \int_0^1 \int_0^1 K_2(\tau,\xi) G_2(\xi,\eta) \omega_2(\eta) g(\eta, u(\eta), u''(\eta)) \mathrm{d}\eta \mathrm{d}\xi \right| \right.$$

$$\left. + \left| \int_0^1 G_2(\tau,\xi) \omega_2(\xi) g(\xi, u(\xi), u''(\xi)) \mathrm{d}\xi \right| \right)^{r_1} \mathrm{d}\tau$$

$$\leqslant c_1 \varepsilon_1^{r_1} \frac{\gamma_1^1}{4} \left[\frac{\gamma_2^1}{4} \left(\frac{\gamma_2}{4} + 1 \right) \right]^{r_1} \left(\int_0^1 \omega_2(\eta) \mathrm{d}\eta \right)^{r_1} \|u\|_2^{r_1 r_2} \int_0^1 \omega_1(\tau) \mathrm{d}\tau$$

$$\leqslant \frac{1}{2} \|u\|_2,$$

即 $\|(Tu)\|_2 \leqslant \|u\|_2$, $u \in K \cap \partial\Omega_1$, $t \in [0,1]$.

另外, 由 (H$_3$), 存在 $c_2 > 0$, $\varepsilon_2 > 0$, $R_1 > 1$, 使得

$$\begin{aligned} f(t,u,u'') &\geqslant \varepsilon_2 (|u| + |u''|)^{l_1}, \quad t \in [0,1], \\ g(t,u,u'') &\geqslant c_2 (|u| + |u''|)^{l_2}, \quad t \in [0,1], \end{aligned} \tag{4.56}$$

满足

$$c_2 \delta^{l_2} \left(\frac{\rho_2 \rho_2^1}{6} + \rho_2^1 \right) \int_0^1 e(\eta) \omega_2(\eta) \mathrm{d}\eta \geqslant 1,$$

$$\frac{1}{6} \varepsilon_2 \rho_1 \rho_1^1 c_2^{l_1} \delta^{l_1 l_2} \left(\frac{\rho_2 \rho_2^1}{6} + \rho_2^1 \right)^{l_1} \left(\int_0^1 e(\eta) \omega_2(\eta) \mathrm{d}\eta \right)^{l_1} \int_0^1 e(\tau) \omega_1(\tau) \mathrm{d}\tau \geqslant \frac{1}{2},$$

$$\varepsilon_2 \rho_1 c_2^{l_1} \delta^{l_1 l_2} \left(\frac{\rho_2 \rho_2^1}{6} + \rho_2^1 \right)^{l_1} \left(\int_0^1 e(\eta) \omega_2(\eta) \mathrm{d}\eta \right)^{l_1} \int_0^1 e(\tau) \omega_1(\tau) \mathrm{d}\tau \geqslant \frac{1}{2}. \quad (4.57)$$

令集合 $\Omega_2 = \{u \in E, \|u\|_2 \leqslant R\}$, $R \geqslant \max\left\{ \frac{R_1}{\delta}, R_1^{\frac{1}{l_2}} \right\}$. 对所有 $u \in K \cap \partial\Omega_2$, $t \in [0,1]$, 有 $|u| + |u''| \geqslant \delta\|u\| + \delta\|u''\| = \delta\|u\|_2 = \delta R \geqslant R_1$, 以及

$$\left| \int_0^1 \int_0^1 K_2(\tau, \xi) G_2(\xi, \eta) \omega_2(\eta) g(\eta, u(\eta), u''(\eta)) \mathrm{d}\eta \mathrm{d}\xi \right|$$

$$+ \left| - \int_0^1 G_2(\tau, \xi) \omega_2(\xi) g(\xi, u(\xi), u''(\xi)) \mathrm{d}\xi \right|$$

$$\geqslant c_2 \left[\int_0^1 \int_0^1 K_2(\tau, \xi) G_2(\xi, \eta) \omega_2(\eta) (|u(\eta)| + |u''(\eta)|)^{l_2} \mathrm{d}\eta \mathrm{d}\xi \right.$$

$$\left. + \int_0^1 G_2(\tau, \xi) \omega_2(\xi) (|u(\xi)| + |u''(\xi)|)^{l_2} \mathrm{d}\xi \right]$$

$$\geqslant c_2 \delta^{l_2} \left(\frac{\rho_2 \rho_2^1}{6} + \rho_2^1 \right) \int_0^1 e(\eta) \omega_2(\eta) \mathrm{d}\eta \|u\|_2^{l_2}$$

$$\geqslant \|u\|_2^{l_2} = R^{l_2} \geqslant R_1.$$

再由 (4.56), (4.57) 和命题 4.3.2, 得

$$\|(Tu)(t)\| \geqslant \varepsilon_2 \rho_1 \rho_1^1 \int_0^1 e(s) \int_0^1 e(\tau) \omega_1(\tau) \left(\left| \int_0^1 \int_0^1 K_2(\tau, \xi) G_2(\xi, \eta) \omega_2(\eta) \right.\right.$$

$$g(\eta, u(\eta), u''(\eta)) \mathrm{d}\eta \mathrm{d}\xi \bigg| + \left| \int_0^1 G_2(\tau, \xi) \omega_2(\xi) g(\xi, u(\xi), u''(\xi)) \mathrm{d}\xi \right| \bigg)^{l_1} \mathrm{d}\tau \mathrm{d}s$$

$$\geqslant \frac{1}{6} \varepsilon_2 \rho_1 \rho_1^1 c_2^{l_1} \delta^{l_1 l_2} \left(\frac{\rho_2 \rho_2^1}{6} + \rho_2^1 \right)^{l_1} \left(\int_0^1 e(\eta) \omega_2(\eta) \mathrm{d}\eta \right)^{l_1}$$

$$\cdot \int_0^1 e(\tau) \omega_1(\tau) \mathrm{d}\tau \|u\|_2^{l_1 l_2}$$

$$\geqslant \frac{1}{2} \|u\|_2^{l_1 l_2} \geqslant \frac{1}{2} \|u\|_2,$$

$$\|(Tu)''(t)\| \geqslant \varepsilon_2 \rho_1^1 \int_0^1 e(\tau)\omega_1(\tau)\left(\left|\int_0^1\int_0^1 K_2(\tau,\xi)G_2(\xi,\eta)\omega_2(\eta)g(\eta,u(\eta),u''(\eta))\mathrm{d}\eta\mathrm{d}\xi\right|\right.$$

$$\left.+\left|\int_0^1 G_2(\tau,\xi)\omega_2(\xi)g(\xi,u(\xi),u''(\xi))\mathrm{d}\xi\right|\right)^{l_1}\mathrm{d}\tau$$

$$\geqslant \varepsilon_2\rho_1^1 c_2^{l_1}\delta^{l_1 l_2}\left(\frac{\rho_2\rho_2^1}{6}+\rho_2^1\right)^{l_1}\left(\int_0^1 e(\eta)\omega_2(\eta)\mathrm{d}\eta\right)^{l_1}\int_0^1 e(\tau)\omega_1(\tau)\mathrm{d}\tau\|u\|_2^{l_1 l_2}$$

$$\geqslant \frac{1}{2}\|u\|_2^{l_1 l_2}\geqslant \frac{1}{2}\|u\|_2,$$

即 $\|(Tu)\|_2 \geqslant \|u\|_2, u \in K \cap \partial\Omega_2,\ t \in [0,1]$. 因此, 有

$$\|Tu\|_2 \leqslant \|u\|_2, \quad t \in [0,1], \quad u \in K \cap \partial\Omega_1,$$

$$\|Tu\|_2 \geqslant \|u\|_2, \quad t \in [0,1], \quad u \in K \cap \partial\Omega_2.$$

应用 Guo-Krasnoselskii 不动点定理可得, T 存在一个不动点 $u \in K \cap (\overline{\Omega}_2 \setminus \Omega_1)$, $\theta \leqslant \|u\|_2 \leqslant R$, 即问题 (4.47) 至少存在一个正解 (u,v).

定理 4.3.2　假设 $(\mathrm{H}_1), (\mathrm{H}_4)$ 和 (H_5) 成立, 则问题 (4.47) 至少存在一个正解 (u,v).

证明　由 (H_5), 存在 $c_3 > 0$, $\varepsilon_3 > 0$, $0 < r < 1$, 使得

$$\begin{aligned} f(t,u,u'') &\geqslant \varepsilon_3(|u|+|u''|)^{\beta_1}, \quad t \in [0,1], \\ g(t,u,u'') &\geqslant c_3(|u|+|u''|)^{\beta_2}, \quad t \in [0,1], \end{aligned} \tag{4.58}$$

满足

$$\begin{aligned} &\frac{1}{6}\varepsilon_3\rho_1^1 c_3^{\beta_1}\delta^{\beta_1\beta_2}\left(\frac{\rho_2\rho_2^1}{6}+\rho_2^1\right)^{\beta_1}\left(\int_0^1 e(\eta)\omega_2(\eta)\mathrm{d}\eta\right)^{\beta_1}\int_0^1 e(\tau)\omega_1(\tau)\mathrm{d}\tau \geqslant \frac{1}{2}, \\ &\varepsilon_3\rho_1^1 c_3^{\beta_1}\delta^{\beta_1\beta_2}\left(\frac{\rho_2\rho_2^1}{6}+\rho_2^1\right)^{\beta_1}\left(\int_0^1 e(\eta)\omega_2(\eta)\mathrm{d}\eta\right)^{\beta_1}\int_0^1 e(\tau)\omega_1(\tau)\mathrm{d}\tau \geqslant \frac{1}{2}. \end{aligned} \tag{4.59}$$

因为 $g(t,0,0) = 0$, $t \in [0,1]$ 和 g 的连续性, 存在 $\varepsilon \in (0,r)$, 使得对所有的 $|u|+|u''| \in [0,\varepsilon]$, 有

$$g(t,u,u'') \leqslant \frac{r}{\left(\dfrac{\gamma_2\gamma_2^1}{16}+\dfrac{\gamma_2^1}{4}\right)\displaystyle\int_0^1 \omega_2(\eta)\mathrm{d}\eta}.$$

令 $\Omega_1' = \{u \in E, \|u\|_2 \leqslant \epsilon\}$, 对所有 $u \in K \cap \partial\Omega_1'$, $\tau \in [0,1]$, 可得

$$\left| \int_0^1 \int_0^1 K_2(\tau,\xi) G_2(\xi,\eta) \omega_2(\eta) g(\eta, u(\eta), u''(\eta)) \mathrm{d}\eta \mathrm{d}\xi \right|$$

$$+ \left| - \int_0^1 G_2(\tau,\xi) \omega_2(\xi) g(\xi, u(\xi), u''(\xi)) \mathrm{d}\xi \right|$$

$$\leqslant \left(\frac{\gamma_2 \gamma_2^1}{16} + \frac{\gamma_2^1}{4} \right) \int_0^1 \omega_2(\eta) g(\eta, u(\eta), u''(\eta)) \mathrm{d}\eta \leqslant r.$$

再由 (4.58), (4.59) 和命题 4.3.2, 得

$$\|(Tu)(t)\| \geqslant \varepsilon_3 \rho_1 \rho_1^1 \int_0^1 e(s) \int_0^1 e(\tau) \omega_1(\tau) \left(\left| \int_0^1 \int_0^1 K_2(\tau,\xi) G_2(\xi,\eta) \omega_2(\eta) \right. \right.$$

$$g(\eta, u(\eta), u''(\eta)) \mathrm{d}\eta \mathrm{d}\xi \Big|$$

$$+ \left. \left| \int_0^1 G_2(\tau,\xi) \omega_2(\xi) g(\xi, u(\xi), u''(\xi)) \mathrm{d}\xi \right| \right)^{\beta_1} \mathrm{d}\tau \mathrm{d}s$$

$$\geqslant \frac{1}{6} \varepsilon_3 \rho_1 \rho_1^1 c_3^{\beta_1} \delta^{\beta_1 \beta_2} \left(\frac{\rho_2 \rho_2^1}{6} + \rho_2^1 \right)^{\beta_1} \left(\int_0^1 e(\eta) \omega_2(\eta) \mathrm{d}\eta \right)^{\beta_1}$$

$$\cdot \int_0^1 e(\tau) \omega_1(\tau) \mathrm{d}\tau \|u\|_2^{\beta_1 \beta_2}$$

$$\geqslant \frac{1}{2} \|u\|_2^{\beta_1 \beta_2} \geqslant \frac{1}{2} \|u\|_2,$$

$$\|(Tu)''(t)\| \geqslant \varepsilon_3 \rho_1^1 \int_0^1 e(\tau) \omega_1(\tau) \left(\left| \int_0^1 \int_0^1 K_2(\tau,\xi) G_2(\xi,\eta) \omega_2(\eta) \right. \right.$$

$$g(\eta, u(\eta), u''(\eta)) \mathrm{d}\eta \mathrm{d}\xi \Big|$$

$$+ \left. \left| \int_0^1 G_2(\tau,\xi) \omega_2(\xi) g(\xi, u(\xi), u''(\xi)) \mathrm{d}\xi \right| \right)^{\beta_1} \mathrm{d}\tau$$

$$\geqslant \varepsilon_3 \rho_1^1 c_3^{\beta_1} \delta^{\beta_1 \beta_2} \left(\frac{\rho_2 \rho_2^1}{6} + \rho_2^1 \right)^{\beta_1} \left(\int_0^1 e(\eta) \omega_2(\eta) \mathrm{d}\eta \right)^{\beta_1}$$

$$\cdot \int_0^1 e(\tau) \omega_1(\tau) \mathrm{d}\tau \|u\|_2^{\beta_1 \beta_2}$$

$$\geqslant \frac{1}{2} \|u\|_2^{\beta_1 \beta_2} \geqslant \frac{1}{2} \|u\|_2,$$

即 $\|(Tu)\|_2 \geqslant \|u\|_2$, $u \in K \cap \partial \Omega_1'$.

另外, 由 (H_4), 存在 $c_4 > 0$, $\varepsilon_4 > 0$, $N_1 > 0$, $N_2 > 0$, 使得

$$f(t, u, u'') \leqslant c_4 (|u| + |u''|)^{\alpha_1} + N_1, \quad t \in [0, 1],$$

$$g(t, u, u'') \leqslant \varepsilon_4 (|u| + |u''|)^{\alpha_2} + N_2, \quad t \in [0, 1], \tag{4.60}$$

满足

$$
\begin{aligned}
&c_4\varepsilon_4^{\alpha_1}2^{\alpha_1}\frac{\gamma_1\gamma_1^1}{16}\left[\frac{\gamma_2^1}{4}\left(\frac{\gamma_2}{4}+1\right)\int_0^1\omega_2(\eta)\mathrm{d}\eta\right]^{\alpha_1}\int_0^1\omega_1(\tau)\mathrm{d}\tau\leqslant\frac{1}{2},\\
&c_4\varepsilon_4^{\alpha_1}2^{\alpha_1}\frac{\gamma_1^1}{4}\left[\frac{\gamma_2^1}{4}\left(\frac{\gamma_2}{4}+1\right)\int_0^1\omega_2(\eta)\mathrm{d}\eta\right]^{\alpha_1}\int_0^1\omega_1(\tau)\mathrm{d}\tau\leqslant\frac{1}{2}.
\end{aligned}
\tag{4.61}
$$

由 (4.60), (4.61) 和命题 4.3.2, 得

$$
\begin{aligned}
|(Tu)(t)|\leqslant{}&c_4\frac{\gamma_1\gamma_1^1}{16}\int_0^1\omega_1(\tau)\left(\left|\int_0^1\int_0^1K_2(\tau,\xi)G_2(\xi,\eta)\omega_2(\eta)g(\eta,u(\eta),u''(\eta))\mathrm{d}\eta\mathrm{d}\xi\right|\right.\\
&\left.+\left|\int_0^1G_2(\tau,\xi)\omega_2(\xi)g(\xi,u(\xi),u''(\xi))\mathrm{d}\xi\right|\right)^{\alpha_1}\mathrm{d}\tau+\frac{\gamma_1\gamma_1^1}{16}N_1\int_0^1\omega_1(\tau)\mathrm{d}\tau\\
\leqslant{}&c_4\frac{\gamma_1\gamma_1^1}{16}\left(\frac{\gamma_2\gamma_2^1}{16}+\frac{\gamma_2^1}{4}\right)^{\alpha_1}\int_0^1\omega_1(\tau)\mathrm{d}\tau\left(\varepsilon_4\int_0^1\omega_2(\eta)(|u(\eta)|+|u''(\eta)|)\mathrm{d}\eta\right.\\
&\left.+N_2\int_0^1\omega_2(\eta)\mathrm{d}\eta\right)^{\alpha_1}+\frac{\gamma_1\gamma_1^1}{16}N_1\int_0^1\omega_1(\tau)\mathrm{d}\tau\\
\leqslant{}&c_4\frac{\gamma_1\gamma_1^1}{16}\left(\frac{\gamma_2\gamma_2^1}{16}+\frac{\gamma_2^1}{4}\right)^{\alpha_1}2^{\alpha_1}N_2^{\alpha_1}\int_0^1\omega_1(\tau)\mathrm{d}\tau\left(\int_0^1\omega_2(\eta)\mathrm{d}\eta\right)^{\alpha_1}\\
&+c_4\frac{\gamma_1\gamma_1^1}{16}\left(\frac{\gamma_2\gamma_2^1}{16}+\frac{\gamma_2^1}{4}\right)^{\alpha_1}2^{\alpha_1}\varepsilon_4^{\alpha_1}\int_0^1\omega_1(\tau)\mathrm{d}\tau\left(\int_0^1\omega_2(\eta)\mathrm{d}\eta\right)^{\alpha_1}\|u\|^{\alpha_1\alpha_2}\\
&+\frac{\gamma_1\gamma_1^1}{16}N_1\int_0^1\omega_1(\tau)\mathrm{d}\tau\\
\leqslant{}&N_3+\frac{1}{2}\|u\|_2^{\alpha_1\alpha_2},\\
|(Tu)''(t)|\leqslant{}&c_4\frac{\gamma_1^1}{4}\int_0^1\omega_1(\tau)\left(\left|\int_0^1\int_0^1K_2(\tau,\xi)G_2(\xi,\eta)\omega_2(\eta)g(\eta,u(\eta),u''(\eta))\mathrm{d}\eta\mathrm{d}\xi\right|\right.\\
&\left.+\left|\int_0^1G_2(\tau,\xi)\omega_2(\xi)g(\xi,u(\xi),u''(\xi))\mathrm{d}\xi\right|\right)^{\alpha_1}\mathrm{d}\tau+\frac{\gamma_1^1}{4}N_1\int_0^1\omega_1(\tau)\mathrm{d}\tau\\
\leqslant{}&c_4\frac{\gamma_1^1}{4}\left(\frac{\gamma_2\gamma_2^1}{16}+\frac{\gamma_2^1}{4}\right)^{\alpha_1}2^{\alpha_1}N_2^{\alpha_1}\int_0^1\omega_1(\tau)\mathrm{d}\tau\left(\int_0^1\omega_2(\eta)\mathrm{d}\eta\right)^{\alpha_1}\\
&+c_4\frac{\gamma_1^1}{4}\left(\frac{\gamma_2\gamma_2^1}{16}+\frac{\gamma_2^1}{4}\right)^{\alpha_1}2^{\alpha_1}\varepsilon_4^{\alpha_1}\int_0^1\omega_1(\tau)\mathrm{d}\tau\left(\int_0^1\omega_2(\eta)\mathrm{d}\eta\right)^{\alpha_1}\|u\|^{\alpha_1\alpha_2}\\
&+\frac{\gamma_1^1}{4}N_1\int_0^1\omega_1(\tau)\mathrm{d}\tau\\
\leqslant{}&N_3+\frac{1}{2}\|u\|_2^{\alpha_1\alpha_2},
\end{aligned}
$$

其中

$$
N_3=\max\left\{c_4\frac{\gamma_1\gamma_1^1}{16}\left(\frac{\gamma_2\gamma_2^1}{16}+\frac{\gamma_2^1}{4}\right)^{\alpha_1}2^{\alpha_1}N_2^{\alpha_1}\int_0^1\omega_1(\tau)\mathrm{d}\tau\left(\int_0^1\omega_2(\eta)\mathrm{d}\eta\right)^{\alpha_1}+\frac{\gamma_1\gamma_1^1}{16}N_1\right.
$$

$$\int_0^1 \omega_1(\tau)\,\mathrm{d}\tau, \ c_4 \frac{\gamma_1^1}{4} \left(\frac{\gamma_2 \gamma_2^1}{16} + \frac{\gamma_2^1}{4} \right)^{\alpha_1} 2^{\alpha_1} N_2^{\alpha_1} \int_0^1 \omega_1(\tau)\mathrm{d}\tau \left(\int_0^1 \omega_2(\eta)\,\mathrm{d}\eta \right)^{\alpha_1} + \frac{\gamma_1^1}{4} N_1$$
$$\int_0^1 \omega_1(\tau)\mathrm{d}\tau \Bigg\} < +\infty.$$

因此, $\|Tu\|_2 \leqslant 2N_3 + \|u\|_2^{\alpha_1 \alpha_2}$, $|u| + |u''| \geqslant 0$, $t \in [0,1]$. 令 $\Omega_2 = \{u \in E, \|u\|_2 \leqslant R^1\}$, 选择充分大的 $R^1 > 1 > r$, 使得对任意 $u \in K \cap \partial\Omega_2$, $t \in [0,1]$, 有 $\|(Tu)\|_2 \leqslant \|u\|_2^{\alpha_1 \alpha_2} \leqslant \|u\|_2$. 因此,

$$\|Tu\|_2 \geqslant \|u\|_2, \quad t \in [0,1], \quad u \in K \cap \partial\Omega_1',$$

$$\|Tu\|_2 \leqslant \|u\|_2, \quad t \in [0,1], \quad u \in K \cap \partial\Omega_2.$$

应用 Guo-Krasnoselskii 不动点定理, T 存在一个不动点 $u \in K \cap (\overline{\Omega}_2 \setminus \Omega_1')$, $\epsilon \leqslant \|x\|_2 \leqslant R^1$, 即问题 (4.47) 至少存在一个正解 (u,v).

定理 4.3.3 假设 $(H_1),(H_3),(H_5)$ 和 (H_6) 成立, 则问题 (4.47) 至少存在两个正解 (u_1,v_1) 和 (u_2,v_2).

证明 由 (H_6), 令 $\Omega_3 = \{u \in E, \|u\|_2 \leqslant L\}$, 对所有 $u \in K \cap \partial\Omega_3, \tau \in [0,1]$,

$$\int_0^1 \int_0^1 K_2(\tau,\xi) G_2(\xi,\eta) \omega_2(\eta) g(\eta, u(\eta), u''(\eta)) \mathrm{d}\eta\mathrm{d}\xi \leqslant \frac{M_0}{6} \gamma_2 \gamma_2^1 \int_0^1 e(\eta)\omega_2(\eta)\mathrm{d}\eta = L_1,$$

$$-\int_0^1 G_2(\tau,\xi)\omega_2(\xi) g(\xi, u(\xi), u''(\xi))\mathrm{d}\xi \geqslant -\gamma_2^1 M_0 \int_0^1 e(\eta)\omega_2(\eta)\mathrm{d}\eta = -L_2,$$

其中 $M_0 = \sup\limits_{\substack{|x|+|y| \in [0,L], \\ t \in [0,1]}} g(t,x,y)$. 从而有

$$
\begin{aligned}
|(Tu)(t)| &\leqslant \frac{\gamma_1 \gamma_1^1}{6} \int_0^1 e(\tau)\omega_1(\tau)\mathrm{d}\tau \sup_{(t,u,u'')\in[0,1]\times[0,L_1]\times[-L_2,0]} f(t,u,u'') \\
&\leqslant a \sup_{(t,u,u'')\in[0,1]\times[0,L_1]\times[-L_2,0]} f(t,u,u'') \\
&\leqslant \frac{L}{2} = \frac{\|u\|_2}{2}, \\
|(Tu)''(t)| &\leqslant \gamma_1^1 \int_0^1 e(\tau)\omega_1(\tau)\mathrm{d}\tau \sup_{(t,u,u'')\in[0,1]\times[0,L_1]\times[-L_2,0]} f(t,u,u'') \\
&\leqslant a \sup_{(t,u,u'')\in[0,1]\times[0,L_1]\times[-L_2,0]} f(t,u,u'') \\
&\leqslant \frac{L}{2} = \frac{\|u\|_2}{2},
\end{aligned}
$$

其中 $a = \max\left\{\dfrac{\gamma_1 \gamma_1^1}{6}\displaystyle\int_0^1 e(\tau)\omega_1(\tau)\mathrm{d}\tau,\ \gamma_1^1\displaystyle\int_0^1 e(\tau)\omega_1(\tau)\mathrm{d}\tau\right\}$. 则

$$\|Tu\|_2 \leqslant \|u\|_2, \quad t \in [0,1], \quad u \in K \cap \partial\Omega_3.$$

应用定理 4.3.1 和定理 4.3.2, 有

$$\|Tu\|_2 \geqslant \|u\|_2, \quad t \in [0,1], \quad u \in K \cap \partial\Omega_2,$$

$$\|Tu\|_2 \geqslant \|u\|_2, \quad t \in [0,1], \quad u \in K \cap \partial\Omega_1'.$$

选择充分大 R 和充分小 ε, 使得 $R > L$, $\varepsilon < L$, 应用定理 4.3.1、定理 4.3.2 和 Guo-Krasnoselskii 不动点定理, 得 T 至少存在两个不动点 $u_1 \in K \cap (\overline{\Omega}_2 \setminus \Omega_3)$, $u_2 \in K \cap (\overline{\Omega}_3 \setminus \Omega_1')$. 即问题 (4.47) 至少存在两个正解 (u_1, v_1) 和 (u_2, v_2).

例 4.3.1　考虑问题

$$f(t, v, v'') = \sqrt{1+t}\left(v^2 + (v'')^2\right),$$
$$g(t, u, u'') = \sqrt{2-t}\left(u^4 + (u'')^4\right),$$
$$\omega_1(t) = \frac{1}{\sqrt{1-t}},\ \omega_2(t) = \frac{1}{\sqrt{t}},$$
$$g_i(s) = s,\ h_i(s) = s^2,\ i = 1, 2.$$

那么条件 (H$_1$) 是满足的. 令 $r_1 = \dfrac{1}{2}$, $r_2 = 3$, $l_1 = \dfrac{1}{2}$, $l_2 = 3$. 则 (H$_2$) 和 (H$_3$) 满足. 由定理 4.3.1, 我们可以得到问题 (4.47) 至少存在一个正解.

例 4.3.2　考虑问题

$$f(t, v, v'') = \sqrt{1+t}\left(1 + v^2 + (v'')^2\right),$$
$$g(t, u, u'') = \sqrt{2-t}(u^2 + (u'')^2)\mathrm{e}^{-(u^2+(u'')^2)},$$
$$\omega_1(t) = \frac{1}{\sqrt{1-t}},\ \omega_2(t) = \frac{1}{\sqrt{t}},\ g_i(s) = s,\ h_i(s) = s^2,\ i = 1, 2.$$

则条件 (H$_1$) 是满足的. 令 $\alpha_1 = 3, \alpha_2 = \dfrac{1}{4}$, $\beta_1 = \dfrac{1}{4}, \beta_2 = 4$. 那么 (H$_4$) 和 (H$_5$) 满足. 应用定理 4.3.2, 我们可以得到问题 (4.47) 至少存在一个正解.

例 4.3.3 考虑问题

$$f(t,v,v'') = \sqrt{\frac{1+t}{8}}\left(1+\left(v^2+(v'')^2\right)^2\right),$$

$$g(t,u,u'') = \sqrt{1-\frac{t}{4}}\left(\left((u^2+(u'')^2)^2\right)^2+(u^2+(u'')^2)\mathrm{e}^{-(u^2+(u'')^2)}\right),$$

$\omega_1(t) = \dfrac{1}{\sqrt{1-t}}$, $\omega_2(t) = \dfrac{1}{\sqrt{t}}$, $g_i(s) = s$, $h_i(s) = s^2$, $i = 1,2$. 则条件 (H$_1$) 是满足的.
令 $l_1 = 2$, $l_2 = 2$, $\beta_1 = \dfrac{1}{6}$, $\beta_2 = 6$, $L = 1$. 那么 (H$_3$),(H$_5$) 也满足, 且

$$M_0 = \sup_{\substack{|u|+|u''|\in[0,1]\\ t\in[0,1]}} g(t,u,u'') \leqslant 1+\frac{1}{\mathrm{e}},$$

$$L_1 = \frac{M_0}{6}\gamma_2\gamma_2^1\int_0^1 e(\eta)\omega_2(\eta)\mathrm{d}\eta \leqslant \frac{2}{15}\left(1+\frac{1}{\mathrm{e}}\right),$$

$$L_2 = \gamma_2^1 M_0\int_0^1 e(\eta)\omega_2(\eta)\mathrm{d}\eta \leqslant \frac{2}{5}\left(1+\frac{1}{\mathrm{e}}\right), \quad a = \frac{2}{5},$$

$$\sup_{(t,u,u'')\in[0,1]\times[0,L_1]\times[-L_2,0]} f(t,u,u'') \leqslant \frac{L}{2a}.$$

这样满足了条件 (H$_6$). 应用定理 4.3.3 得到问题 (4.47) 至少有两个正解.

4.4 本章小结和后续工作

本章主要通过灵活利用上下解技术和拓扑度理论证明了四阶常微分方程解的存在性和类 p-Laplace 算子的四阶常微分方程积分边值问题解的存在性和多解的存在性. 此外还利用 Guo-Krasnoselskii 不动点定理证明了奇异四阶耦合常微分方程组积分边值问题解的存在性和多解的存在性. 然而我们发现, 本章主要获得解的存在性, 而对于权函数对解的影响的研究远远不够. 解对权函数的积分值的依赖关系, 本章只给出一个充分条件, 是否是充分必要的? 或者什么情形下, 是充分必要的? 是否本章的相关结果可以推广到时滞微分方程边值问题和随机微分方程上, 这将是我们以后研究的一个方向.

第 5 章　时标上常微分方程解的存在性

5.1　时标理论

抽象的常微分方程初 (边) 值问题的研究, 在过去的四十年中日新月异, 不仅从方法 (上下解方法、拓扑度理论、不动点理论等) 上还是应用 (偏微分方程、临界点理论) 上, 都比较成熟, 所获得结果也比较系统. 随着计算机的发展, 微分方程数值计算理论也飞速发展, 学者们在研究微分方程的差分方程的过程中, 发现连续与离散系统之间的差异有时很大. 如文献 [106] 中 Logistic 方程

$$\frac{\mathrm{d}y}{\mathrm{d}t} = \frac{a}{k}(ky - y^2), \quad a > 0, \ k > 0.$$

其解为

$$y^{-1}(t) = k^{-1} + \left(y^{-1}(0) - k^{-1}\right)\mathrm{e}^{-at} \quad 或 \quad y = 0.$$

显然, 方程的解是单调的, 但是 Logistic 方程所对应的差分方程

$$\Delta y_n = ay_n(1 - ky_n),$$

在文献 [107], [108] 中, 指出 y_n 对参数 a 灵敏的依赖关系, 此差分方程有可能出现混沌解. 这种巨大的差别, 使得更多数学家去探索离散与连续系统之间的关系, 希望能找到一种统一的理论框架去处理这种系统. 于是, 1988 年德国数学家 Stefan Hilger 在导师 Aulbach 的指导下, 在他的博士论文中提出了测度链 (时标) 微积分的概念. 所谓时标就是实数集上的一个非空闭子集. 如果这个闭子集为实数本身, 则时标微分方程就是传统意义下的常微分方程. 如果这个闭子集为整数集, 时标方程就是传统意义下的差分方程. 除了这两种情况之外, 还有更一般的时标方程. 由上所述, 学者们发现时标理论是处理离散和连续系统这两种问题的有效理论, 同时还

发现时标方程有着广泛的应用前景. 如美国学者 Peterson 和 Thomas 在文献 [109] 中利用时标理论建立了可描述西尼罗河病毒传播的离散方面和连续方面的数学模型. 通过对这种数学模型的研究, 可以有效地预防这种病毒的传播. 此外, 在神经网络、热传导、股票市场的计算模式等方面也有着广泛的应用.

尽管时标理论同时可以处理离散和连续两方面的问题, 但是在使用时也出现了一些数学理论的困难. 如微积分中 Rolle 定理和介值定理不成立. 还有一些基本概念和运算法则也需要适当修改, 如链锁法则、乘积公式、Riemann 积分等. 为了方便读者, 我们给出时标理论的一些概念和性质.

定义 5.1.1[110]　称实数集 $\mathbb{R}$ 上的任意一个非空闭子集为时标, 记作 $\mathbb{T}$.

定义 5.1.2[110]　对于 $t < \sup\mathbb{T}$ 和 $r > \inf \mathbb{T}, t, r \in \mathbb{T}$, 定义前跃算子 σ 和后跃算子 ρ, 分别为

$$\sigma(t) = \inf\{\tau \in \mathbb{T} \mid \tau > t\} \in \mathbb{T}, \quad \rho(r) = \sup\{\tau \in \mathbb{T} \mid \tau < r\} \in \mathbb{T}.$$

如果 $\sigma(t) > t$, 称 t 为右散的, 如果 $\rho(r) < r$, 称 r 为左散的. 如果 $\sigma(t) = t$, 称 t 是右稠, 如果 $\rho(r) = r$, 称 r 是左稠. 如果 $\mathbb{T}$ 有右散的最小值 m, 定义 $\mathbb{T}_k = \mathbb{T} - \{m\}$; 否则令 $\mathbb{T}_k = \mathbb{T}$. 如果 $\mathbb{T}$ 有左散的最大值 M, 定义 $\mathbb{T}^k = \mathbb{T} - \{M\}$; 否则令 $\mathbb{T}^k = \mathbb{T}$.

定义 5.1.3[110]　对于 $x : \mathbb{T} \longrightarrow \mathbb{R}, t \in \mathbb{T}^k$, 我们定义 $x(t)$ 的 Δ 导数, $x^{\Delta}(t)$ 是个数 (若存在), 对任意的 $\varepsilon > 0$, 存在 t 的邻域 U, 当 $s \in U$, 使得

$$\mid [x(\sigma(t)) - x(s)] - x^{\Delta}(t)[\sigma(t) - s] \mid < \varepsilon \mid \sigma(t) - s \mid.$$

对于 $x : \mathbb{T} \longrightarrow \mathbb{R}, t \in \mathbb{T}_k$, 我们定义 $x(t)$ 的 ∇ 导数, $x^{\nabla}(t)$ 是个数 (若存在), 对任意的 $\varepsilon > 0$, 存在 t 的邻域 V, 当 $s \in V$, 使得

$$\mid [x(\rho(t)) - x(s)] - x^{\nabla}(t)[\rho(t) - s] \mid < \varepsilon \mid \rho(t) - s \mid.$$

定义 5.1.4[110]　称函数 $f : \mathbb{T} \longrightarrow \mathbb{R}$ 是 $rd-$ 连续的, 是指它在 $\mathbb{T}$ 上的右稠密点连续, 且在 $\mathbb{T}$ 上的左稠密点左极限存在 (为有限值). 记 $C_{rd}(\mathbb{T}, \mathbb{R})$ 为所有的 $rd-$ 连续函数 $f : \mathbb{T} \longrightarrow \mathbb{R}$ 组成的集合.

定义 5.1.5[110]　　称函数 $f : \mathbb{T} \longrightarrow \mathbb{R}$ 是 $ld-$ 连续的, 是指它在 $\mathbb{T}$ 上的左稠密点连续, 且在 $\mathbb{T}$ 上的右稠密点右极限存在 (为有限值). 记 $C_{ld}(\mathbb{T}, \mathbb{R})$ 为所有的 $ld-$ 连续函数 $f : \mathbb{T} \longrightarrow \mathbb{R}$ 组成的集合.

定义 5.1.6[110]　　如果 $F^{\triangle}(t) = f(t)$, 则定义 $\triangle$ 积分为

$$\int_a^t f(s)\triangle s = F(t) - F(a).$$

如果 $\Phi^{\nabla}(t) = f(t)$, 定义 $\triangle$ 积分为

$$\int_a^t f(s)\nabla s = \Phi(t) - \Phi(a).$$

由以上定义, 可以验证下列公式成立:

(1) $\left(\displaystyle\int_a^t f(t)\triangle s \right)^{\triangle} = f(t),$　(2) $\left(\displaystyle\int_a^t f(t)\triangle s \right)^{\nabla} = f(\rho(t)),$

(3) $\left(\displaystyle\int_a^t f(t)\nabla s \right)^{\nabla} = f(t),$　(4) $\left(\displaystyle\int_a^t f(t)\nabla s \right)^{\triangle} = f(\sigma(t)).$

定理 5.1.1[110]　　若 $f, g : \mathbb{T} \longrightarrow \mathbb{R}$ 为 $rd-$ 连续的, 则有

$$\int_a^b f(t)g^{\triangle}(t)\triangle t + \int_a^b f^{\triangle}(t)g(\sigma(t))\triangle t = (fg)(b) - (fg)(a).$$

定理 5.1.2[110]　　若 $f, g : \mathbb{T} \longrightarrow \mathbb{R}$ 为 $ld-$ 连续的, 则有

$$\int_a^b f(t)g^{\nabla}(t)\nabla t + \int_a^b f^{\nabla}(t)g(\rho(t))\nabla t = (fg)(b) - (fg)(a).$$

依据定理有下面公式成立:

(1) $\left(\displaystyle\int_a^t f(t,s)\triangle s \right)^{\triangle} = f(\sigma(t),t) + \displaystyle\int_a^t f^{\triangle}(t,s)\triangle s;$

(2) $\left(\displaystyle\int_a^t f(t,s)\triangle s \right)^{\nabla} = f(\rho(t),\rho(t)) + \displaystyle\int_a^t f^{\nabla}(t,s)\triangle s;$

(3) $\left(\displaystyle\int_a^t f(t,s)\nabla s \right)^{\triangle} = f(\sigma(t),\sigma(t)) + \displaystyle\int_a^t f^{\triangle}(t,s)\nabla s;$

(4) $\left(\displaystyle\int_a^t f(t,s)\nabla s \right)^{\nabla} = f(\rho(t),t) + \displaystyle\int_a^t f^{\nabla}(t,s)\nabla s.$

定理 5.1.3[110]　　若 f 在 $[a,b]$ 上 $\nabla-$ 可积的, $|f|$ 在 $[a,b]$ 上也 $\nabla-$ 可积的, 则有

$$\left| \int_0^t f(t)\nabla t \right| \leqslant \int_0^t |f(t)|\nabla t.$$

$C_{\mathrm{TS}}[a,b]$ 表示所有连续函数 $f:[a,b] \longrightarrow \mathbb{R}$ 构成的线性空间, 其范数定义为 $\|f\| = \max\limits_{t \in [a,b]} |f(t)|$. 下面给出时标上的 Arzelà-Ascoli 定理.

定理 5.1.4[110] X 是 $C_{\mathrm{TS}}[a,b]$ 的子集, 如果条件

(i) X 有界;

(ii) 对于任意的 $f \in C_{\mathrm{TS}}[a,b]$, $\forall \varepsilon > 0, \exists \delta > 0$, 使得当 $|t_1 - t_2| < \delta$ 时, 有 $|f(t_1) - f(t_2)| < \varepsilon$ 成立,

则有 X 是相对紧的.

5.2 具 *p*-Laplace 型算子时标上的积分初值问题

本节研究具 *p*-Laplace 型算子时标上的动力方程

$$-(\phi_p(u^\triangle(t)))^\nabla = \frac{\lambda a(t) f(u(t))}{\left(\displaystyle\int_0^T f(u(s)) \nabla s \right)^k}, \quad \forall\, t \in (0, T)_\mathbb{T}, \tag{5.1}$$

在积分初值条件

$$
\begin{aligned}
u(0) &= \int_0^T g(s) u(s) \nabla s, \\
u^\triangle(0) &= A
\end{aligned}
\tag{5.2}
$$

下解的存在性. 这里 $\phi_p(\cdot)$ 是 *p*-Laplace 算子, 定义为 $\phi_p(s) = |s|^{p-2} s$, $p > 1$, $\phi_p^{-1} = \phi_q$ 其中 q 是 p 的 Hölder 共轭, 即 $\dfrac{1}{p} + \dfrac{1}{q} = 1$, $\lambda > 0, k > 0$, $f:[0,T]_\mathbb{T} \longrightarrow \mathbb{R}^{+*}$ 连续 ($\mathbb{R}^{+*}$ 表示为正实数), $a:[0,T]_\mathbb{T} \longrightarrow \mathbb{R}^+$ 是左稠连续, $g(s) \in L^1([0,T]_\mathbb{T})$ 和 A 是实数.

5.2.1 准备工作

我们假设 $\mathbb{T}$ 是 $\mathbb{R}$ 上非空闭子集, $0 \in \mathbb{T}_k$, $T \in \mathbb{T}^k$.

定义 Banach 空间 $E = C_{ld}([0,T]_\mathbb{T}, \mathbb{R})$ 的范数为 $\| u \| = \max\limits_{[0,T]_\mathbb{T}} |u(t)|$.

首先考虑问题:

$$-(\phi_p(x^\triangle(t)))^\nabla = y(t), \quad \forall\, t \in (0, T)_\mathbb{T}, \tag{5.3}$$

$$x(0) = \int_0^T g(s)x(s)\nabla s,$$
$$x^\triangle(0) = A, \tag{5.4}$$

其中 $y \in C([0,T]_{\mathbb{T}})$, $\int_0^T g(s)\nabla s \neq 1$.

关于方程 (5.3) 两端从 0 到 t 进行积分, 得

$$\phi_p(x^\triangle(t)) - \phi_p(x^\triangle(0)) = -\int_0^t y(s)\nabla s.$$

再由积分初值条件 (5.4) 可得

$$x^\triangle(t) = \phi_p^{-1}\left(\phi_p(A) - \int_0^t y(s)\nabla s\right).$$

将上式两端从 0 到 t 进行积分, 得

$$x(t) - \int_0^T g(s)x(s)\nabla s = \int_0^t \phi_p^{-1}(\phi_p(A) - \int_0^\tau y(s)\nabla s)\triangle\tau. \tag{5.5}$$

令 $F(t) := \int_0^t \phi_p^{-1}\left(\phi_p(A) - \int_0^\tau y(s)\nabla s\right)\triangle\tau.$ 定义算子 $K: C_{ld}([0,T]_{\mathbb{T}}) \longrightarrow C_{ld}([0,$
$T]_{\mathbb{T}})$ 为

$$(Kx) = \int_0^T g(s)x(s)\nabla s,$$

这样式 (5.5) 表示为

$$(I-K)x(t) = F(t). \tag{5.6}$$

从而, $x(t)$ 是问题 (5.3), (5.4) 的解当且仅当是问题 (5.6) 的解.

引理 5.2.1　$I - K$ 是一个 Fredholm 算子.

证明　要证明 $I - K$ 是一个 Fredholm 算子, 只需证明 K 是一个全连续算子.

由算子 K 的定义可见, K 是从 $C_{ld}([0,T]_{\mathbb{T}})$ 到 $C_{ld}([0,T]_{\mathbb{T}})$ 的有界线性算子, 并且 $\dim R(K) = 1$. 因此,K 是全连续的. 证毕.

引理 5.2.2　问题 (5.3),(5.4) 有唯一解.

证明　因为问题 (5.3),(5.4) 等价于问题 (5.6), 所以只需证明问题 (5.6) 有唯一解即可.

由引理 5.2.1 知, 算子 K 是全连续的. 运用二择一定理, 我们只需证明方程

$$(I - K)x(t) = 0 \tag{5.7}$$

仅有一个平凡解即可.

假设问题 (5.7) 有一个非平凡解 μ, 则 μ 是一个常数, 有

$$I\mu = K\mu = \mu.$$

由 K 的定义可得

$$\left[1 - \int_0^T g(s)\nabla s \right] \mu = 0,$$

这与假设 $\displaystyle\int_0^T g(s)\nabla s \neq 1$ 和 $\mu \not\equiv 0$ 矛盾. 证毕.

5.2.2 主要结果

给出下面假设条件:

(H_1) $\displaystyle\int_0^T |g(s)|\nabla s = M < 1$;

(H_2) $f : [0, T]_{\mathbb{T}} \longrightarrow \mathbb{R}^{+*}$ 是连续的;

(H_3) $a : [0, T]_{\mathbb{T}} \longrightarrow \mathbb{R}^{+}$ 左稠连续的, $\displaystyle\max_{t \in [0,T]_{\mathbb{T}}} a(t) \leqslant M_1$;

(H_4) $f(y) \leqslant [c_1\phi_p(|y|) + c_2]^{\frac{1}{1-k}}$, $c_1, c_2 > 0$ 和 $c_1 < \dfrac{\phi_p\left(\dfrac{1-M}{2^{q-1}T}\right)}{\lambda M_1 T^{1-k}}$, $k < 1$;

(H_5) $f(y) \geqslant [c_3\phi_p(|y|)]^{\frac{1}{1-k}}$, $c_3 > 0$ 和 $c_3 < \dfrac{\phi_p\left(\dfrac{1-M}{2^{q-1}T}\right)}{\lambda M_1 T^{1-k}}$, $k > 1$.

显然, 问题 (5.1),(5.2) 的解 $u(t)$ 等价于积分方程

$$(I - K)u(t) = \int_0^t \phi_p^{-1}\left(\phi_p(A) - \int_0^\tau \frac{\lambda a(s) f(u(s))}{\left(\int_0^T f(u(s))\nabla s \right)^k} \nabla s \right) \triangle \tau \tag{5.8}$$

的解.

定义算子 $F : C_{ld}([0,T]_{\mathbb{T}}) \longrightarrow C_{ld}([0,T]_{\mathbb{T}})$ 为

$$(Fu)(t) = \int_0^t \phi_p^{-1} \left(\phi_p(A) - \int_0^\tau \frac{\lambda a(s) f(u(s))}{\left(\int_0^T f(u(s)) \nabla s \right)^k} \nabla s \right) \triangle \tau,$$

则 (5.8) 可表示为

$$(I - K)u(t) = (Fu)(t).$$

为了证明问题 (5.8) 解的存在性, 还需下面的引理.

引理 5.2.3　F 是全连续的.

证明　令 R_1 为一个正的实数, 对任意的球 $B_1 = \{u \in C_{ld}([0,T]_{\mathbb{T}}); \|u\| \leqslant R_1\}$. 则当 $u \in B_1$ 时, 有

$$|(Fu)(t)| \leqslant \int_0^t \left| \phi_p^{-1} \left(\phi_p(A) - \int_0^\tau \frac{\lambda a(s) f(u(s))}{\left(\int_0^T f(u(s)) \nabla s \right)^k} \nabla s \right) \right| \triangle \tau$$

$$\leqslant \int_0^T \phi_p^{-1} \left(|\phi_p(A)| + \left| \int_0^T \frac{\lambda a(s) \sup_{u \in B_1} f}{(T \inf_{u \in B_1} f)^k} \nabla s \right| \right) \triangle \tau$$

$$\leqslant \phi_p^{-1} \left(|\phi_p(A)| + M_1 T \frac{\lambda \sup_{u \in B_1} f}{(T \inf_{u \in B_1} f)^k} \right) T.$$

可见 $F(B_1)$ 是一致有界的.

对任意 $t \in [0,T]_{\mathbb{T}}$, 有

$$|(Fu)^{\triangle}(t)| = \left| \phi_p^{-1} \left(\phi_p(A) - \int_0^t \frac{\lambda a(s) f(u(s))}{\left(\int_0^T f(u(s)) \nabla s \right)^k} \nabla s \right) \right|$$

$$\leqslant \phi_p^{-1} \left(|\phi_p(A)| + M_1 T \frac{\lambda \sup_{u \in B_1} f}{(T \inf_{u \in B_1} f)^k} \right).$$

故 $F(B_1)$ 是等度连续的. 由 Ascoli-Arzelà 定理知, F 是全连续的. 证毕.

定理 5.2.1　假设条件 (H_1)—(H_5) 成立, 则问题 (5.1),(5.2) 至少存在一个解.

证明　由引理 5.2.1、引理 5.2.3 知, $K+F$ 是全连续的. 只需证明方程

$$(I-(K+F))u=0 \tag{5.9}$$

至少存在一个解.

定义 $H:[0,1] \times C_{ld}([0,T]_{\mathbb{T}}) \longrightarrow C_{ld}([0,T]_{\mathbb{T}})$ 为

$$H(\sigma,u)=(K+\sigma F)u,$$

易证 H 是全连续的.

设 $h_\sigma(u)=u-H(\sigma,u)$, 则有

$$h_0(u)=(I-K)u,$$

$$h_1(u)=[I-(K+F)]u.$$

为了对函数 h_σ 运用 Leray-Schauder 拓扑度理论, 所以只需证明在 $C_{ld}([0,T]_{\mathbb{T}})$ 上存在球 $B_R(\theta)$, 使得半径 R 充分大时, 有 $\theta \notin h_\sigma(\partial B_R(\theta))$.

当 $k<1$ 时, 选择 $R>\dfrac{2^{q-1}\phi_p^{-1}(|\phi_p(A)|+\lambda M_1 T^{1-k}c_2)T}{1-M-2^{q-1}\phi_p^{-1}(\lambda M_1 T^{1-k}c_1)T}$, 则对任意给定的 $u \in \partial B_R(\theta)$, 存在一点 $t_0 \in [0,T]_{\mathbb{T}}$, 使得 $|u(t_0)|=R$. 经计算有

$$|(h_\sigma u)(t_0)|$$

$$=\left|u(t_0)-\left[\int_0^T g(s)u(s)\nabla s+\sigma\int_0^{t_0}\phi_p^{-1}\left(\phi_p(A)-\int_0^\tau \frac{\lambda a(s)f(u(s))}{\left(\displaystyle\int_0^T f(u(s))\nabla s\right)^k}\nabla s\right)\triangle\tau\right]\right|$$

$$\geqslant |u(t_0)|-\left|\int_0^T g(s)u(s)\nabla s\right|-\left|\int_0^{t_0}\phi_p^{-1}\left(\phi_p(A)-\int_0^\tau \frac{\lambda a(s)f(u(s))}{\left(\displaystyle\int_0^T f(u(s))\nabla s\right)^k}\nabla s\right)\triangle\tau\right|$$

$$\geqslant (1-M)R-\int_0^T \phi_p^{-1}\left(|\phi_p(A)|+\int_0^T \frac{\lambda a(s)f(u(s))}{\left(\displaystyle\int_0^T f(u(s))\nabla s\right)^k}\nabla s\right)\triangle\tau. \tag{5.10}$$

再由假设 (H_4), 得

$$|(h_\sigma u)(t_0)| \geqslant (1-M)R - \int_0^T \phi_p^{-1}\left(|\phi_p(A)| + \lambda M_1\left(\int_0^T f(u(s))\nabla s\right)^{1-k}\right)\triangle\tau$$

$$\geqslant (1-M)R - \int_0^T \phi_p^{-1}[|\phi_p(A)| + \lambda M_1 T^{1-k}(c_1\phi_p(\|u\|)+c_2)]\triangle\tau$$

$$> 0. \tag{5.11}$$

当 $k > 1$ 时, 选择 $R > \dfrac{2^{q-1}|A|T}{1-M-2^{q-1}\phi_p^{-1}(\lambda M_1 T^{1-k}c_3)T}$, 对任意给定的 $u \in \partial B_R(\theta)$, 存在一点 $t_0 \in [0,T]_{\mathbb{T}}$, 使得 $|u(t_0)| = R$. 再由 (H_5), 有

$$|(h_\sigma u)(t_0)| \geqslant (1-M)R - \int_0^T \phi_p^{-1}\left(|\phi_p(A)| + \dfrac{\lambda M_1}{\left(\displaystyle\int_0^T f(u(s))\nabla s\right)^{k-1}}\right)\triangle\tau$$

$$\geqslant (1-M)R - \int_0^T \phi_p^{-1}[|\phi_p(A)| + \lambda M_1 T^{1-k}c_3\phi_p(\|u\|)]\triangle\tau$$

$$> 0. \tag{5.12}$$

当 $k = 1$ 时, 选择 $R > \dfrac{\phi_p^{-1}(|\phi_p(A)| + \lambda M_1)T}{1-M}$, 对任意给定的 $u \in \partial B_R(\theta)$, 存在一点 $t_0 \in [0,T]_{\mathbb{T}}$, 使得 $|u(t_0)| = R$. 经计算有

$$|(h_\sigma u)(t_0)| \geqslant (1-M)R - \int_0^T \phi_p^{-1}(|\phi_p(A)| + \lambda M_1)\triangle\tau$$

$$> 0. \tag{5.13}$$

即 $h_\sigma u \neq \theta$, 从而有 $\theta \notin h_\sigma(\partial B_R(\theta))$.

因为 $\deg(h_1, B_R(\theta), \theta) = \deg(h_0, B_R(\theta), \theta) = \pm 1 \neq 0$, 所以问题 (5.7) 存在一个解 $u \in B_R(\theta)$, 即问题 (5.1),(5.2) 在 $B_R(\theta)$ 上存在一个解.

5.3　本章小结和后续工作

本章主要介绍了时标理论的基本知识, 然后利用二择一定理和拓扑度理论研

究了时标方程的积分边值问题, 证明了解的存在性. 然而对具 p-Laplace 算子的时标上多点共振边值问题目前结果还很少. 再有时标方程的稳定性问题目前所获结果还不完善, 这将是我们以后研究的方向.

参 考 文 献

[1] Agarwal R P, O'Regan D. Infinite Interval Problems for Differential, Difference and Integral Equations. Dordrecht: Kluwer Academic Publishers, 2001.

[2] Agarwal R P, O'Regan D. Singular Differential and Integral Equations with Applications. Dordrecht: Kluwer Academic Publishers, 2003.

[3] O'Regan D. Theory of Singular Boundary Value Problems. Singapore: World Scientific, 1994.

[4] O'Regan D. Existence Theory for Nonlinear Ordinary Differential Equations. Dordrecht: Kluwer Academic Publishers, 1997.

[5] 葛渭高. 非线性常微分方程边值问题. 北京: 科学出版社, 2007.

[6] 马如云. 非线性常微分方程非局部问题. 北京: 科学出版社, 2004.

[7] 白占兵, 葛渭高. 一维 p - 拉普拉斯三个正解的存在性. 数学学报, 2006, 49: 1045–1052.

[8] Ji D H, Feng M Q, Ge W G. Multiple positive solutions for multipoint boundary value problems with sign changing nonlinearity. Appl. Math. Comput., 2008, 196: 511–520.

[9] Feng H Y, Ge W G, Jiang M. Multiple positive solutions for m-point boundary-value problems with a one-dimensional p-Laplacian. Nonlinear Anal., 2008, 68: 2269–2279.

[10] Feng H Y, Ji D H, Ge W G. Existene and uniqueness of solutions for a fourth-order boundary value problem. Nonlinear Anal., 2009, 70: 3561–3566.

[11] Wang Y Y, Ge W G. Existence of solutions for a third order differential equation with integral boundary conditions. Comput. Math. Appl., 2007, 53: 144–154.

[12] Bai Z B, Huang B J, Ge W G. The iterative solutions for some fourth-order p-Laplace equation boundary value problems. Appl. Math. Lett., 2006, 19: 8–14.

[13] Pang H H, Ge W G. Existence results for some fourth-order multi-point boundary value problem. Math. Comput. Modelling, 2009, 49: 1319–1325.

[14] Ma D X. Existence and iteration of monotone positive solutions for multipoint boundary value problem with p-Laplacian operator. Comput. Math. Appl., 2005, 50: 729–739.

[15] Feng H Y, Ge W G. Multiple positive solutions for m-point boundary-value problems with a one-dimensional p-Laplacian. Nonlinear Anal., 2008, 68: 2269–2279.

[16] Ma R Y, Zhang J H. The method of lower and upper solutions for fourth-order two-point boundary value problems. J. Math. Anal. Appl., 1997, 215: 415–422.

[17] Ma R Y. Positive solutions of a nonlinear three-point boundary value problem. E. J. D. E., 1999, 34: 1–8.

[18] Ma R Y. Positive solutions of a nonlinear m-point boundary value problem. Comput. Math. Appl., 2001, 42: 755–765.

[19] Agarwal R P, O'Regan D. Existence theorem for single and multiple solutions to singular positone boundary value problems. J. Diff. Equ., 2001, 175: 393–414.

[20] Ma R Y. Positive solutions for second-order three-point boundary value problems. Appl. Math. Letters, 2001, 14: 1–5.

[21] Ma D X, Han J X, Chen X G. Positive solution of three-point boundary value problem for the one-dimensional p-Laplacian with singularities. J. Math. Anal. Appl., 2006, 324: 118–133.

[22] Feng H Y, Ge W G. Triple symmetric positive solutions for multipoint boundary-value problem with one-dimensional p-Laplacian. Math. Comput. Modelling, 2008, 47: 186–195.

[23] Garcia-Huidobro M, Gupta C P, Manásevich R. A dirichelet-neumann m-point BVP with a p-Laplacian-like operator. Nonlinear Anal., 2005, 62: 1067–1089.

[24] Liu B. Positive solutions of three-point boundary value problems for the one-dimensional p-Laplacian with infinitely many singularities. Appl. Math. Letters, 2004, 17: 655–661.

[25] Karakostas G. Solvability of the Φ-Laplacian with nonlocal boundary conditions. Appl. Math. Comput., 2009, 215: 514–523.

[26] Liu B. Positive solutions of singular three-point boundary value problems for the one-dimensional p-Laplacian. Comput. Math. Appl., 2004, 48: 913–925.

[27] García-Huidobro M, Gupta C P, Manásevich R. An m-point boundary value problem of Neumann type for a p-Laplacian like operator. Nonlinear Anal., 2004, 56: 1071–

1089.

[28] Sun Y P. Existence and multiplicity of symmetric positive solutions for three-point boundary value problem. J. Math. Anal. Appl., 2007, 329: 998–1009.

[29] Sun Y, Liu L S, Zhang J Z. Positive solutions of singular three-point boundary value problems for second-order differential equations. J. Comput. Appl. Math., 2009, 230: 738–750.

[30] Yu C C, Chen S H, Austin F. Positive solutions of four-point boundary value problem fourth order ordinary differential equation. Math. Comput. Modelling, 2010, 52: 200–206.

[31] Zhong Y L, Chen S H, Wang C P. Existence results for a fourth-order ordinary differential equation with a four-point boundary condition. Appl. Math. Lett., 2008, 21: 465–470.

[32] Ke Y Y, Huang R, Wang C P. Existence of solutions of a nonlocal boundary value problem. Appl. Math. E-Notes, 2005, 5: 186–193.

[33] Ahmad B, Alsaedi A, Alghamdi B S. Analytic approximation of solutions of the forced Duffing equation with integral boundary conditions. Nonlinear Anal., 2008, 9: 1727–1740.

[34] Yang Z L. Positive solutions to a system of second-order nonlocal boundary value problems. Nonlinear Anal., 2005, 62: 1251–1265.

[35] Kong L J. Second order singular boundary value problems with integral boundary conditions. Nonlinear Anal., 2010, 72: 2628–2638.

[36] Yang Z L. Existence and uniqueness of positive solutions for an integral boundary value problem. Nonlinear Anal., 2008, 69: 3910–3918.

[37] Li Y H, Li F Y. Sign-changing solutions to second-order integral boundary value problems. Nonlinear Anal., 2008, 69: 1179–1187.

[38] Benchohra M, Nieto J J, Ouahab A. Second-order boundary value problem with integral boundary conditions. Boundary Value Problems, 2011, 260309.

[39] 孙永平. 一类具非局部边界条件的四阶非线性微分方程的对称正解. 数学学报, 2007, 50: 547–556.

[40] 张兴秋. 奇异四阶积分边值问题正解的存在唯一性. 应用数学学报, 2010, 33: 38–50.

[41] 张兴秋. Banach 空间非线性四阶奇异积分边值问题正解的存在性. 数学物理学报, 2010, 30: 566–575.

[42] Boucherif A, Bouguima S M, Ai-malki N. Third order differential equations with integral boundary conditions. Nonlinear Anal., 2009, 71: e1736–e1743.

[43] Grossinho M R, Minhós F M, Santos A I. Solvability of some third-order boundary value problems with asymmetric unbounded nonlinearities. Nonlinear Anal., 2005, 62: 1235–1250.

[44] Minhós F, Gyulov T, Santos A I. Existence and location result for a fourth order boundary value problem. Discrete cont. dyna. sys., 2005, 662–671.

[45] Grossinho M R, Minhós F M, Santos A I. A third-order boundary value problem with one-sided Nagumo condition. Nonlinear Anal., 2005, 63: 247–256.

[46] Grossinho M R, Minhós F M, Santos A I. Existence result for a third-order ODE with nonlinear boundary conditions in presence of a sign-type Nagumo control. J. Math. Anal. Appl., 2005, 309: 271–283.

[47] Yao Q L. Local existence of multiple positive solutions to a singular cantilever beam equation. J. Math. Anal. Appl., 2010, 363: 138–154.

[48] Grossinho M, Minhós F. Existence result for some third order separated boundary value problems. Nonlinear Anal., 2001, 47: 2407–2418.

[49] Jiang D Q, Gao W J, Wan A. A monotone method for constructing extremal solutions to fourth-order periodic boundary value problems. Appl. Math. Comput., 2002, 132: 411–421.

[50] Enguica R, Sanchez L. Existence and localization of solutions for fourth-order boundary-value problems. E. J. D. E, 2007, 127: 1–10.

[51] Lü H S, Zhong C K. A note on singular nonlinear boundary value problems for the one-dimensional p-Laplacian. Appl. Math. Letters, 2001, 14: 189–194.

[52] Agarwal R P, Lü H S, O'Regan D. Existence theorems for the one-dimensional singular p-Laplacian equation with sign changing nonlinearities. Appl. Math. Comput., 2003, 143: 15–38.

[53] Jiang D Q, Zhang H N. Nonuniform nonresonant singular Dirichlet boundary value problems for the one-dimensional p-Laplacian with sign changing nonlinearity. Nonlinear Anal., 2008, 68: 1155–1168.

[54] Addou I. Multiplicity of solutions for quasilinear elliptic boundary-value problems. E. J. D. E., 1999, 21: 1–27.

[55] Cabada A, Pouso R. Extremal solutions of strongly nonlinear discontinuous second-order equations with nonlinear functional boundary conditions. Nonlinear Anal., 2000, 42: 1377–1396.

[56] Lü H, O'Regan D, Agarwal R. Existence theorems for the one-dimensional singular p-Laplacian equation with a nonlinear boundary condition. J. Comput. Appl. Math., 2005, 182: 188–210.

[57] Lü H, O'Regan D, Zhong C. Multiple positive solutions for the one-dimensional singular p-Laplacian. Appl. Math. Comput., 2002, 133: 407–422.

[58] Cabada A, Pouso R. Existence results for the problem $(\phi(u'))' = f(t, u, u')$ with nonlinear boundary conditions. Nonlinear Anal., 1999, 35: 221–231.

[59] Wang Y Y, Liu G F, Hu Y P. Existence and uniqueness of solutions for a second order differential equation with integral boundary conditions. Appl. Math. Comput., 2010, 216: 2718–2727.

[60] Cabada A, Minhós F M. Fully nonlinear fourth-order equations with functional boundary conditions. J. Math. Anal. Appl., 2008, 340: 239–251.

[61] Cabada A, Grossinho M, Minhós F. On the solvability of some discontinuous third order nonlinear differential equations with two point boundary conditions. J. Math. Anal. Appl., 2003, 285: 174–190.

[62] Boucherif A. Second-order boundary value problems with integral boundary conditions. Nonlinear Anal., 2009, 70: 364–371.

[63] Bai Z B, Ge W G. Existence of three positive solutions for some second-order boundary value problems. Comput. Math. Appl., 2004, 48: 699–707.

[64] Wang J Y, Gao W J. A singular boundary value problem for the one-dimensional p-Laplacian. J. Math. Anal. Appl., 1996, 201: 851–866.

[65] Wang J Y, Jiang D Q. A unified approach to sometwo-point, three-point, and four-
      point boundary value problems with carathéodory functions. J. Math. Anal. Appl.,
      1997, 211:223–232.

[66] Jiang D Q, Gao W J. Upper and lower solution method and a singular boundary
      value problem for the one-dimensional p-Laplacian. J. Math. Anal. Appl., 2000, 252:
      631–648.

[67] Jiang D Q, Gao W J. Singular boundary value problems for the one-dimension p-
      Laplacian. J. Math. Anal. Appl., 2002, 270: 561–581.

[68] Yao Q L. Positive solution to a special singular second-order boundary value problem.
      Math. Comput. Modelling, 2008, 47: 1284–1291.

[69] Cherpion M, Coster C D, Habets P. A constructive monotone iterative method for
      second-order BVP in the presence of lower and upper solutions. Appl. Math. Comput.,
      2001, 123: 75–91.

[70] Gupta C P. Solvability of a three-point nonlinear boundary value problem for a second
      order ordinary differential equations. J. Math. Anal. Appl., 1992, 168(2): 540–551.

[71] Gupta C P, Ntouyas S K, Tsamatos P C. Solvability of a m-point boundary value
      problem for second order ordinary differential equations. J. Math. Anal. Appl., 1995,
      189(2): 575–584.

[72] Gupta C P. A sharper condition for the solvability of a three-point second-order bound-
      ary value problem. J. Math. Anal. Appl., 1997, 205(2): 586–597.

[73] Ma R Y. Existene theorems for a second order m-point boudnary value problem. J.
      Math. Anal. Appl., 1997, 211(2): 545–555.

[74] Khan A R. The generalized quasilinearization technique for a second order differential
      equation with separated boundary conditions. Math. Comput. Modelling, 2006, 43:
      727–742.

[75] Kiguradze I, Staněk S. On periodic boundary value problem for the equation $u'' = f(t, u, u')$ with one-sided growth restrictions on f. Nonlinear Anal., 2002, 48: 1065–
      1075.

[76] Cabada A. An overview of the lower and upper solutions method with nonlinear

boundary value conditions. Boundary Value Problems, 2011, 893753.

[77]   Atici F M, Guseinov G Sh. On Green's functions and positive solutions for boundary value problems on time scales. J. Comput. Appl. Math., 2002, 141: 75–99.

[78]   Bohner M, Peterson A. Advances in Dynamic Equations on Time Scales. Birkhäuser Boston, 2003.

[79]   Hamal N A, Yoruk F. Positive solutions of nonlinear m-point boundary value problems on time scales. J. Comput, Appl. Math., 2009, 231: 92–105.

[80]   Li W T, Sun W R. Positive solutions for second order m-point boundary value problems on time scales. Acta Mathematics Sinica English Series, 2006, 22(6): 1797–1804.

[81]   Ammi M R S, Torres D F M. Existence of positive solutions for non local p-Laplacian thermistor problems on time scales. J. Inequal. Pure and Appl. Math., 2007, 8(3): 1–10.

[82]   Wang D B. Existence, multiplicity and infinite solvability of positive solutions for p-Laplacian dynamic equations on time scales.Electron. J. Diff. Eqns., 2006 96: 1–10.

[83]   Yang Y T, Meng F W. Positive solutions of the singular semipositone boundary value problem on time scales. Math. Comput. Modelling, 2010, 52: 481–489.

[84]   Agarwal R, Bohner M, O'Regan D, Peterson A. Dynamic equations on time scales: a survey. J. Comput. Appl. Math., 2002, 141:1–26.

[85]   Erbe L, Peterson A. Positive solutions for a nonlinear differntial equation on a measure chain. Math. Comput Model, 2000, 32(5-6): 571–585.

[86]   Agarwal R P, O'Regan D. Nonlinear boundary value problems on time scales. Nonlinear Anal-Theor, 2001, 44(4): 527–535.

[87]   Agarwal R P, Bohner M, O'Regan D. Time scale boundary value problems on infinite intervals. J Comput Appl Math, 2002, 141(1-2): 27–34.

[88]   Amster P, Rogers C, Tisdell C C. Existence of solutions to boundary value problems for dynamic systems on time scales.J Math Anal Appl, 2005, 308(2): 565–577.

[89]   Wang D B. Existence, multiplicity and infinite solvability of positive solutions for p-Laplacian dynamic equations on time scales. Electronic Journal of Differential Equations, 2006(2006), 96: 1–10.

[90] Sun H R, Li W T. Positive solutions of p-Laplacian m-point boundary value problems on time scales. Taiwan. J. Math. 2008, 12(1): 105–127.

[91] Li Y K, Shu J Y. Multiple positive solutions for first-order impulsive integral boundary value problems on time scales. Boundary Value Problems. 2011, 12: 1–19.

[92] Zhang X M, Ge W G. Impulisive boundary value problems involving the one-dimensional p-Laplacian.Nonlinear Analysis, 2009, 1692–1701.

[93] 江泽坚, 孙善利. 泛函分析. 北京: 高等教育出版社, 1992.

[94] 钟承奎, 范先令, 陈文源. 非线性泛函分析导论. 兰州: 兰州大学出版社, 2004.

[95] 郭大均. 非线性泛函分析. 济南: 山东科学技术出版社, 1985.

[96] 伍卓群, 尹景学, 王春朋. 椭圆与抛物方程引论. 北京: 科学出版社, 2003.

[97] 陈文源. 非线性泛函分析. 兰州: 甘肃人民出版社, 1982.

[98] Guo B, Wei Y J, Gao W J. Global and blow-up solutions to a p-Laplace equation with nonlocal source and nonlocal boundary condition. Comm. Math. Res., 2010, 26(3): 280–288.

[99] Zhao J. Existence and nonexistence of solutions for $u_t - (\mathrm{div}|\nabla u|^{p-1}\nabla u) = f(\nabla u, u, x, t)$. J. Math. Anal. Appl., 1993, 172: 130–146.

[100] Pao C V. Asymptotic behavior of solutions of reaction-diffusion equations with nonlocal boundary conditions. J. Comput. Appl. Math., 1988, 88: 225–238.

[101] Pao C V. Numerical solutions of reaction-diffusion equations with nonlocal boundary conditions. J. Comput. Appl. Math., 2001, 136: 227–243.

[102] Lin Z G, Liu Y R. Uniform blow-up profiles for diffusion equations with nonlocal source and nonlocal boundary. Acta Math. Sci. Ser. B, 2004, 24: 443–450.

[103] Wang Y, Mu C, Xiang Z. Blow up of solutions to a porous medium equation with nonlocal boundary condition. Appl. Math. Comput., 2007, 192: 579–585.

[104] 王树禾. 微分方程模型与混沌. 北京: 中国科学技术出版社,1999.

[105] Zhang X M, Ge W G. Positive solutions for a class of boundary-value probelms with integral boundary conditions. Appl Math Comput, 2009, 58: 203–215.

[106] Turchin P.Complex Population Dynamics: A Theoretical/Empirical Synthesis. Princeton: Princeton University Press, 2003.

[107]　May R M. Simple mathematical models with very complicated dynamics. Nature, 1976, 261(5560): 459–467.

[108]　张炳根. 测度链上微分方程的进展. 中国海洋大学学报, 34(2004): 907–912.

[109]　Spedding V. Taming natures numbers,New Scientist: The Global Science and Technology Weekly., 2003, 2404: 28–31.

[110]　Bohner M, Peterson A. Dynamic Equations on Time Scales. Birkhauser Boston, 2001.